Chemische Grundlagen der Pyrotechnik

Georg Schwedt

Chemische Grundlagen der Pyrotechnik

Georg Schwedt
Bonn, Deutschland

ISBN 978-3-662-57985-5   ISBN 978-3-662-57986-2   (eBook)
https://doi.org/10.1007/978-3-662-57986-2

Die Deutsche Nationalbibliothek verzeichnet diese Publikation in der Deutschen Nationalbibliografie; detaillierte bibliografische Daten sind im Internet über http://dnb.d-nb.de abrufbar.

Springer Spektrum
© Springer-Verlag GmbH Deutschland, ein Teil von Springer Nature 2019

Einbandabbildung: © Thaut Images / stock.adobe.com
Planung/Lektorat: Rainer Münz

Springer Spektrum ist ein Imprint der eingetragenen Gesellschaft Springer-Verlag GmbH, DE und ist ein Teil von Springer Nature
Die Anschrift der Gesellschaft ist: Heidelberger Platz 3, 14197 Berlin, Germany

Inhaltsverzeichnis

Aus der Geschichte der Feuerwerkerei

1

In chinesischen Schriften wird bereits um 300 n. Chr. ein noch nicht explosionsfähiges Schwarzpulver als Treibmittel für Feuerwerkskörper erwähnt. Für Feuerpfeile und Raketen wurde es zur Zeit der frühen Song-Dynastie (960–1279) benutzt. Eine Pyrotechnik, wie wir sie heute kennen, entwickelte sich jedoch schon in der T'ang-Dynastie (618–807) aus den Feuerwerkskörpern für kultische Zwecke. 1044 erschien in China eine Sammlung der wichtigsten Militärtechniken (Wu Jing Zong Yao) in 40 Kapiteln, in der zum ersten Mal eine Rezeptur für Schwarzpulver angegeben wird. Die Schriften wurden zunächst geheim gehalten und erst im frühem 15. Jahrhundert gedruckt. Die älteste erhaltene Ausgabe stammt aus dem Jahr 1510, mit deren Inhalt sich u. a. der bedeutende britische Sinologe und Chemiker Joseph Needham (1900–1995) beschäftigt hat, der als größte Autorität auf dem Gebiet der chinesischen Wissenschaftsgeschichte gilt.

1285 verfasste der syrische Alchemist Hasan al-Rammah (gest. um 1294) ein Feuerwerksbuch, das in zwei Pariser Handschriften erhalten ist. Sie werden als „sorgfältig geschrieben" und „reichhaltig und farbig illustriert" bezeichnet und enthalten Angaben zur sowohl militärischen als auch zivilen Verwendung von Feuerwerkskörpern, magischen Lampen, Feuerlanzen, Brandbomben, Brandpfeilen und Raketen. Darin sind auch zahlreiche Rezepte von anderen Autoren enthalten, die manchmal den Zusatz haben, dass der Autor sie auch erprobt habe.

© Springer-Verlag GmbH Deutschland, ein Teil von Springer Nature 2019
G. Schwedt, *Chemische Grundlagen der Pyrotechnik,*
https://doi.org/10.1007/978-3-662-57986-2_1

Der Chemiehistoriker Partington (siehe weiter unten) gibt an, das Buch enthalte auch ein Rezept zur Herstellung von Schwarzpulver mit Kaliumnitrat, das durch die Reinigung des Salpeters durch Umkristallisieren (Entfernung von Magnesium- und Calciumsalzen, Verwendung von Pottasche = Kaliumcarbonat) erhalten worden sei. Dieses Verfahren beschrieb auch Vannoccio Biringucio (1480–1537), italienischer Ingenieur, Architekt, Büchsenmacher und angewandter Chemiker, in seinem Werk *Pirotechnia* (1540) (siehe unten).

In Europa erschien vor 1225 unter dem Titel *Liber Ignium ad conburendos hostes* (Feuerwerk, um den Feind zu verbrennen) ein in Spanien verfasstes *Feuerwerksbuch,* das einem fiktiven byzantinischen Autor Marcus Graecus zugeschrieben wird. Es handelt sich um die wohl älteste Rezeptsammlung in Europa, die auf arabische Quellen zurückgeht. Sie wurde zuerst 1804 auf Anweisung von Napoleon Bonaparte von dem Konservator der Bibliothèque Nationale de France in Paris veröffentlicht. Ein Manuskript befindet sich auch in der Bayerischen Staatsbibliothek in München. In diesem Manuskript, das offensichtlich nach 1225 bis kurz nach 1300 von weiteren Autoren ergänzt wurde, sind u. a. Rezepte für das *griechische Feuer* (aus Pech, Schwefel, Petroleum, Öl, Salz) und für *Schwarzpulver* (Salpeter mit Kohle und Schwefel) zu finden. Der französische Chemiker Marcelin Pierre Eugène Berthelot (1827–1907), der sich u. a. mit Verbrennungswärmen chemischer Stoffe beschäftigte und die Begriffe exotherm und endotherm prägte, befasste sich auch mit Chemie- und Alchemiegeschichte und gab eine Textedition des *Liber Ignium* heraus. Im Wesentlichen war es aber der Chemiker und Chemiehistoriker James Riddick Partington (1886–1965), der in seinem Buch „A History of Greek Fire and Gunpowder" (Johns Hopkins University 1999) den nicht sehr umfangreichen Text von nur sechs Seiten in Latein und englischer Übersetzung mit Kommentaren versehen publizierte. Eine weitere frühe Quelle zum Schwarzpulver ist bei dem englischen Franziskaner und Philosophen Roger Bacon (um 1220 bis nach 1292) zu finden, der in den 1260er-Jahren sogar die Verwendung von Schwarzpulver in Feuerwerkskörpern für Kinder erwähnt. Als Erfinder des Schwarzpulvers

Abb. 1.1 Der Franziskanermönch Berthold der Schwarze (eigentlich Konstantin Anklitzen) lebte um 1250 in Freiburg im Breisgau. (© ZU_09/Getty Images/iStock)

wird häufig Berthold der Schwarze (Abb. 1.1) genannt. Er war zwar nicht der Erfinder des Schwarzpulvers, stellte jedoch gekörntes (besonders wirksames) Schwarzpulver für Feuerwaffen her.

Der Name *bengalische Flamme* für bunte Flammen stammt aus der Zeit der Kriege, die die Engländer in Indien führten. 1757 – in der zweiten Phase der englisch-französischen Kolonialkriege, als Lord Robert Clive (1724–1774) den Vizekönig von Bengalen bei Plassey besiegte – lernten die Briten in Ostindien diese zu Signalzwecken verwendeten Feuer kennen. Diese Buntfeuer werden noch heute aus Gemischen von Kohle,

Schwefel, Oxidationsmitteln wie Kaliumnitrat (oder Kalium-chlorat) und flammenfärbenden Salzen erzeugt.

Im Kapitel „Entstehung des europäischen Feuerwerks in Italien" berichtet Arthur Lotz (1941: Das Feuerwerk. Seine Geschichte und Bibliographie) ausführlich über die „erste Kunde (...) aus dem Jahre 1379" – über die Verwendung des Spreng-stoffs „für friedliche Zwecke (...) und zwar aus Vicenza in Oberitalien". Es findet auf dem Platz vor dem Bischofspalast zu Pfingsten statt. Lotz berichtet:

Da fährt es wie eine feurige Taube an einer Schnur von dem Turme des Bischofspalastes hinab zu den Marien und Aposteln im Fest-bau, die den heiligen Geist erwarteten. Dieses Kunststück, offenbar ein sogenanntes Schnurfeuer, bestehend aus einer Figur in Gestalt einer Taube, die ein funkensprühender Feuerwerkskörper hinunter-trieb, verfehlte nicht, wegen seiner Neuartigkeit und Unerklärlichkeit großen Eindruck auf die Zuschauer zu machen. Es wird noch einige Male wiederholt, und auch die Sänger im Obergeschoß bringen Feuerwerkskörper, wahrscheinlich Kanonenschläge oder Schwärmer zur Entzündung.

Weiter schrieb Lotz, das es gelungen sei,

die nebensächliche und gelegentliche Anwendung von explodierenden Feuerwerkskörpern zu einem selbständigen Schaustück auszu-gestalten, und die Geburtsstätte derartiger Feuerwerksvorführungen ist Florenz.

Im Buch „Pirotechnia" von Vanoccio Biringuccio von 1540 befinden sich auch zwei Abbildungen über diese frühen Lust-feuerwerke (Abb. 1.2).

Vannoccio Biringuccio (Siena 1480–1537 Rom) war Inge-nieur, Architekt, Büchsenmacher und angewandter Che-miker. Sein Werk entstand 1534/1535 und wurde posthum veröffentlicht – in deutscher Übersetzung unter dem Titel „Die zehn Bücher von der Feuerwerkskunst". Die meisten Kapi-tel beschäftigen sich mit der Metallurgie – im zehnten Buch finden wir jedoch Angaben zu künstlichen Brandstoffen für Feuerwerkskörper, die auch zur Belustigung bei Festlichkeiten gedacht waren. Lotz schreibt dazu:

Abb. 1.2 „Pirotechnia" von Vanoccio Biringuccio von 1540

Er (Biringuccio) gibt zwar zu, daß Feuerwerk etwas Schönes sei, jedoch koste es viel Geld, und es sei doch zu nichts nütze, auch daure es nicht länger als der Kuß der Geliebten oder vielleicht noch kürzer ….

Charakteristisch für die ab dem 15. Jahrhundert erscheinenden Bücher zur Feuerwerkstechnik ist, dass sie sowohl als Kriegshandbücher dienen als auch Anleitungen zur Lustfeuerwerkerei enthalten – so auch das von Konrad Kyeser (1366 bis nach 1405) verfasste Werk *Bellifortis,* vorhanden u. a. in der Niedersächsischen Staats- und Universitätsbibliothek in Göttingen (Handschriften von 1402/1405), digitalisiert von der Bayerischen Staatsbibliothek in München als Blätterversion. Kyeser (auch Kieser) war ein deutscher Kriegstechniker und Fachschriftsteller im spätmittelalterlichen Deutschland, der die erste deutsche kriegstechnische Bilderhandschrift verfasste.

In der Epoche der Renaissance kam dann die Kunst der Feuerwerkerei aus Italien auch nach Deutschland. Über die „Urform eines deutschen Feuerwerks" 1506 zu Ehren Kaiser Maximilians auf dem Reichstag zu Konstanz ist bekannt, dass dort „drei mit Sägespänen ausgefüllte Fässer, in deren durchlöcherte Wandung 350 Feuerwerkskörper gesteckt worden waren, mit einem Schiff auf den Bodensee gefahren und zur Entzündung gebracht" wurden (A. Lotz).

Im Folgenden werden anhand von Abbildungen aus dem 15. bis 19. Jahrhundert historische Beispiele der fürstlichen Feuerwerkerei im Sinne des *Lustfeuerwerks* abgebildet und näher beschrieben.

Zur Feier der Eroberung von Tunis durch Karl V. (1500–1558, ab 1516 als Karl I. König von Spanien, 1519 römisch-deutscher König) im Jahre 1535 wurde auf der Nürnberger Burg auf einem dafür errichteten „Feuerwerkschloss" ein Freudenfeuerwerk abgebrannt. Der abgebildete Holzschnitt stammt von Erhard Schön (um 1491 bis 1542), einem Formschneider und Zeichner aus einer Nürnberger Malerfamilie – in der Tradition von Albrecht Dürer (Abb. 1.3). Für das Abbrennen der Feuerwerkskörper war eine hölzerne Burg auf dem Gelände der Nürnberger Burganlage errichtet worden. Der Tunisfeldzug 1535 war ein militärisches Expeditionsunternehmen des habsburgischen Spaniens zur Eroberung des vom Osmanischen Reich kontrollierten Tunis.

Unter dem Namen *Jülicher Hochzeit* wurde die 1585 in Düsseldorf stattfindende Hochzeit von Markgräfin Jacobe von

Abb. 1.3 Holzschnitt von Erhard Schön (ca. 1491–1542): Freudenfeuerwerk zur Feier der Eroberung von Tunis durch Karl V

Baden (1558–1597) mit dem Jungherzog Johann Wilhelm von Jülich-Kleve-Berg (1562–1597) im Jahre 1585 bekannt. Das prunkvolle einwöchige Fest begann am 16. Juni im Düsseldorfer Schloss. Der Hofjurist und bergische Landschreiber Dietrich Gramináus beschrieb die Hochzeitsfeierlichkeiten 1587 – vom Bankett über das Turnier bis zum Feuerwerk. Der Kupferstecher Franz Hogenberg (1535–1590) fertigte eine Reihe von Bildern dazu an (Abb. 1.4).

Das Bild eines *Feuerwerkschlosses* ist auch in dem von A. Lotz verfassten Buch beschrieben (Abb. 1.5). Es befindet sich in der Handschrift „Etliche schöne Tractaten von allerhandt Feürwercken" aus dem Jahr 1610, die dem Graf Johann (VI. dem Älteren von Nassau(-Dillenburg) (1536–1606) zugeschrieben wird (Preußische Staatsbibliothek Berlin).

Ausführlich beschrieben und dargestellt wurden solche Konstruktionen von dem deutschen Architekten, Mathematiker,

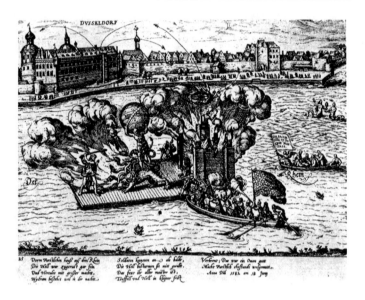

Abb. 1.4 Das Feuerwerk auf dem Rhein bei Düsseldorf zur Jülischen Hochzeit

Abb. 1.5 Inneres (Kern) (rechts) und Äußeres (links) des Feuerwerkschlosses

Mechaniker und Chronisten Joseph Furttenbach (1591–1667) in seinem Werk *„Architectura universalis"* (Ulm 1635). Von ihm stammt auch ein Gemälde mit dem Titel *„Feuerwerkh, welches Herr Johann Kouhn, den 26. August 1644 in seinem garten uff dem word, hat abgehen lassen"*, das im Germanischen National-museum in Nürnberg hängt. Das Gemälde macht deutlich, dass nicht nur Fürsten und Adelige, sondern im 17. Jahrhundert – dem Jahrhundert des Dreißigjährigen Krieges – auch bereits wohlhabende Bürger Lustfeuerwerke veranstalteten, offensicht-lich mithilfe von Feuerwerkern aus dem Militär.

Aus der Werkstatt des Matthäus Merian d. Ä. (1593–1650) stammt die beeindruckende Wiedergabe eines Feuerwerkschiffes nach einer Radierung von 1616 (Abb. 1.6). Das Feuerwerk fand am 17. März 1616 anlässlich der Taufe des Prinzen Friedrich im Lust-garten zu Stuttgart statt, der am 19. Dezember 1615 als Sohn von Johann Friedrich (1582–1628, des siebten Herzogs von Württem-berg) und Barbara Sophia von Brandenburg (1584–1636) geboren worden war – eben jenes Friedrich von Württemberg-Neuenstadt (gest. 1682 in Neuenstadt an der Kocher), der als späterer Herzog von Württemberg die zweite Seitenlinie Württemberg-Neuenstadt gründete. Das Feuerwerk fand als Abschluss der achttägigen Tauf-feierlichkeiten statt. Auch hier diente als Gerüst für das Feuerwerk ein Turm auf einem nachgebildeten Schiff, das zwischen zwei Säu-len der Alten Rennbahn aufgebaut war. Aus näheren Angaben zu diesem Kupferstich wissen wir, dass die Feuerwerker das Feuer mit Fackeln aus brennenden Ölbottichen entnahmen, dass sich rings um die Rennbahn und an den Fenstern des Alten Lusthauses (rechts) die Zuschauer drängten und dass links das Schießhaus und rechts hinter dem Alten Lusthaus das Alte Schloss zu sehen sind. Der Titel zum Kupferstich lautet: *„Contrafactur des künstlichen Feuerwercks so bey des neugebornen jungen Printzen Friedrichen Hertzog zu Wurttember & Kindtauffen zu Stuetgart im Lustgarten den 17 Marti Anno 1616 geworfen worden."*

1749 fanden in mehreren Städten Europas *Friedensfeuer-werke* statt. Anlass war der *Frieden von Aachen,* ein am 18. Oktober abgeschlossenes völkerrechtliches Vertragswerk, das den Österreichischen Erbfolgekrieg (1740–1748, nach dem Tod Kaiser Karls V., durch seine Tochter Maria Theresia) beendete.

Abb. 1.6 Wiedergabe eines Feuerwerkschiffes nach einer Radierung von 1616 aus der Werkstatt des Matthäus Merian d. Ä. (1593–1650)

Im April 1749 wurde am Londoner Green Park zur Feier des Friedens die *Feuerwerksmusik* von Georg Friedrich Händel aufgeführt, die der britische König Georg II. (1683–1760) in Auftrag gegeben hatte. In einem zeitgenössischen (im Original farbigen) Stich wird dieses Feuerwerk dargestellt (Abb. 1.7).

Abb. 1.7 Aufführung der „Feuerwerksmusik" von Georg Friedrich Händel im April 1749 im Londoner Green Park zur Feier des Friedens von Aachen. (© akg-images/picture alliance)

Auch in anderen Städten – u. a. in Den Haag – und zu weiteren Friedensschlüssen im 18. Jahrhundert (Berlin 1745/1746: Beendigung des Zweiten Schlesischen Krieges; Berlin und Breslau 1763: Beendigung des Siebenjährigen Krieges) fanden solche *Friedensfeuerwerke* statt, die bei A. Lotz dokumentiert sind.

Feuerwerksbühnen stellte J. C. Stövesandt in seinem Werk *„Deutliche Anweisung zur Feuerwerkerey, worinnen alle gebräuchlichen Arten der Lust- und Ernstfeuer nebst derselben Verfertigung und denen dazu nötigen Werkzeugen ordentlich und genau beschrieben werden"* (Halle 1748) dar. Stövesandt war ein herzoglich-braunschweigisch-wolfenbüttelischer Artilleriehauptmann. Eine solche Feuerwerksbühne wurde auch anlässlich der Hochzeit des Erbgroßherzogs Carl Friedrich von Sachsen-Weimar-Eisenach (1783–1853) mit der Großfürstin Maria Paulowna (1786–1859) – Heirat in St. Petersburg am 3. August 1804 – in Weimar 1804 eingesetzt und in einem zeitgenössischen Kupferstich dargestellt (Abb. 1.8).

Abb. 1.8 Feuerwerksbühne anlässlich der Hochzeit des Erbgroßherzogs Carl Friedrich von Sachsen-Weimar-Eisenach, dargestellt in einem zeitgenössischen Kupferstich

A. Lotz formuliert in seinem Kapitel „Entstehung des europäischen Feuerwerks in Italien" auch eine Definition zum Feuerwerk:

Feuerwerk im pyrotechnischen Sinne beruht auf der mannigfaltigen Verwendung verschiedenartiger Feuerwerkskörper, das heißt Hülsen, die gefüllt sind mit schneller oder langsamer brennenden Gemengen, sogenannten raschen oder faulen Sätzen, deren Grundstoffe, wie schon erwähnt, Kohle, Schwefel und Salpeter, also Schießpulver, bestehen. Flammenfeuersätze ergeben ein ruhig brennendes Licht, das zu Beleuchtungszwecken Verwendung findet oder für Leuchtkugeln, die während ihres Fluges durch die Luft verglühen. Die Funkenfeuersätze dagegen verbrennen, wie der Name sagt, mit funkensprühender Flamme. Entweder handelt es sich bei ihnen um feststehende Stücke oder es werden durch die fortwirkende Kraft des von ihnen entwickelten Gases bewegliche Feuerwerkskörper geschaffen. Frei aufsteigende (Raketen), an einer Schnur laufende und die Drehfeuer. Durch Mehrfarbigkeit der Feuer erhöht man die Wirkung. Wie auf der Erde kann man die Hülsen auch schwimmend auf dem Wasser anbringen; man spricht dann vom Wasserfeuerwerk.

Die chemischen Grundlagen der Pyrotechnik

2

Der Chemiker und Pyrotechniker August Eschenbacher veröffentlichte 1876 sein Buch „Die Feuerwerkerei oder die Fabrikation der Feuerwerkskörper. Eine Darstellung der gesammten Pyrotechnik, enthaltend die vorzüglichsten Vorschriften zur Anfertigung sämmtlicher Feuerwerksobjecte, als aller Arten von Leuchtfeuern, Sternen, Leuchtkugeln, Raketen, der Luft- und Wasser-Feuerwerke, sowie einen Abriß der für den Feuerwerker wichtigen Grundlehren der Chemie. Für Dilettanten und Pyrotechniker leichtfaßlich dargstellt …"

In diesem vor fast 150 Jahren erschienenen Werk sind zahlreiche grundlegende Aussagen enthalten, die trotz der Veränderungen in der Auswahl der Einzelsubstanzen noch heute gültig sind. Im Folgenden werden daher an einigen Stellen auch ausgewählte Abschnitte zitiert.

Über die *Feuerwerkerei im Allgemeinen* schrieb er:

Wenige chemische Gewerbe fordern zu ihrem rationellen Betriebe eine so große Summe von chemischen Kenntnissen als gerade die Pyrotechnik. Der Feuerwerker, welcher dieselben nicht besitzt, kann sich nur darauf beschränken, nach gewissen Vorschriften zur Anfertigung von Feuerwerkskörpern zu arbeiten, viele derselben zu erproben und bei jenen, welche ihm das beste Ergebniß liefern stehen zu bleiben.

Abgesehen davon, daß er lange und viel zu experimentiren haben wird, bevor er soweit gelangt ist, gute Vorschriften ausfindig zu machen, wird er nur zu oft in die Lage kommen, daß ihm gewisse

© Springer-Verlag GmbH Deutschland, ein Teil von Springer Nature 2019
G. Schwedt, *Chemische Grundlagen der Pyrotechnik,*
https://doi.org/10.1007/978-3-662-57986-2_2

Feuerwerkskörper gänzlich mißlingen, obwohl er sie auf das sorgfältigste nach der Vorschrift angefertigt hat. Es bleibt ihm in diesem Falle nichts übrig, als das betreffende Gemisch als unbrauchbar webzuwerfen und ein neues zu bereiten, da ihm die Kenntnisse fehlen, herauszubringen, wo eigentlich der Fehler steckt. Oft ist bei einem Feuerwerkssatz, so nennt man die zur Bereitung der Feuerwerkskörper dienenden Gemisch, die man auch oft kurzweg als Satz bezeichnet, nur eine geringe Vermehrung oder Verminderung eines Bestandtheiles erforderlich, um dem Satze die erforderlichen Eigenschaften zu geben. Daß dies aber nur dann möglich ist, wenn man die Eigenschaften der in dem Feuerwerkssatze enthaltenen Körper und die Vorgänge bei der Verbrennung des Satzes genau kennt, liegt auf der Hand.

Bevor wir uns mit der Chemie der Feuerwerkerei im 21. Jahrhundert beschäftigen, sei ein Textausschnitt aus zwei sehr verbreiteten Lexika des 19. bzw. des beginnenden 20. Jahrhunderts zitiert – zunächst aus einer frühen „Brockhaus-Ausgabe", aus dem „Bilder-Conversations-Lexikon für das deutsche Volk. Ein Handbuch zur Verbreitung gemeinnütziger Kenntnisse und zur Unterhaltung" (Leipzig 1838). Dort ist unter dem Stichworten *Feuerwerke* bzw. *Kunstfeuerwerk* zu lesen:

Feuerwerke für Brände und Beleuchtungen, welche künstlich angeordnet werden, und das Auge des Beschauers durch mannichfachen Farbenglanz und vielfach wechselnde Lichtgestalten zu ergötzen. Man führt sie verständiger Weise nur des Abends auf, weil nur in der Dunkelheit die Feuer- und Lichterscheinungen deutlich und bestimmte gesehen werden. Rothe, grüne, blaue, gelbe, weiße Feuer brennen nach- und nebeneinander, Raketen, Leuchtkugeln, Feuerräder, strahlende Sonnen (s. *Kunstfeuer*), mit unzähligen Lampen beleuchtete Tempel, Triumphbogen, Pyramiden mit brennenden Inschriften, erscheinen und dergl.; Alles so geordnet, daß sowol das zugleich Auftretende, wie das aueinander Folgende ein wohlgeordnetes, dem Auge wohlthuendes Ganzes bildet. Die Feuerwerke werden theils auf dem Lande, theils auf dem Wasser abgebrannt. Die Wasserfeuerwerke nehmen sich besonders prachtvoll aus, weil die Wasserfläche wie ein Spiegel die Feuererscheinungen vervielfacht. Mit der Kunst, Feuerwerke anzuordnen, welche namentlich zur Herstellung der Kunstfeuer chemische Kenntnisse voraussetzt, beschäftigen sich die Feuerwerker. Da aber ihre Kunst nicht nur bei den Feuerwerken eine unschädliche, nur zum Vergnügen bestimmte Anwendung findet, so unterscheidet man *Lustfeuerwerkskunst* und *Ernstfeuerwerkskunst* und lehrt in der letzten die Verfertigung aller derjenigen Kunstfeuer, welche im Krieg Anwendung finden, als Geschützmunition, Schläge, Raketen, Pechkränze, Brandtücher u. s. w.

[Für das Thema dieses Buches ist aus dem historischen Text aus dem Jahr1838 die Aussage, dass „*zur Herstellung der Kunstfeuer chemische Kenntnisse*" vorauszusetzen seien!]

Kunstfeuerwerk nennt man die verschiedenen Arten von Vorrichtungen mit explodirenden Substanzen, welche beim Abbrennen entweder durch eine besondere Wirksamkeit oder durch den Anblick, welchen sie gewähren, sich auszeichnen. (…) *Lustfeuer* sind die Raketen, Leuchtkugeln, Räder, Frösche, Kanonenschläge u. s. w., und dieselben bestehen im Allgemeinen aus einer *Hülse* von starkem doppelten Papier, in welche der *Satz,* eine Mischung von Schwefel, Salpeter und Kohle, eingeschlagen wird, und der *Versetzung* oder *Garnitur,* einer Menge kleinerer Feuerwerkskörper, welche von den größer zuletzt ausgeworfen werden. Um dem Feuer eine gewissen Farbe zu geben, bedient man sich gewisser Zusätze. So erzeugt ein Zusatz von salpetersaurem Baryt ein grünes, ein Kupferoxyd ein blaues, von Zinnober und Kolophonium ein rothes, von Antimonium ein weißes Feuer und zerstoßenes Glas, zerstoßenes Gußeisen oder Feilspäne geben eine helle, glänzende Flamme, während Harze, Pech und Zucker die Heftigkeit des Feuers verstärken, Kein- und Terpenthinöl dieselbe mäßigen. Ein ganz farbloses, das sogenannte *indische* oder *bengalische Feuer* erhält man, wenn man ein Gemenge von 24 Theilen Salpeter, 7 Theilen Schwefelblumen und 2 Theilen Realgar genau mischt und entzündet.

Das *indianische Weißfeuer* hatte offensichtlich auch den Dichter und Minister Goethe in Weimar bereits 1812 begeistert. In seinem Tagebuch vermerkte er am 29. April 1811:

Zu Tafel Hofrath Voigt und Sohn, Hofrath Fuchs und Professor Döbereiner. Nach Tafel mancherley Versuche fortgesetzt. Abends das indianische Weißfeuer auf dem Schloßdache entzünden lassen. Darauf zu Abend gespeist und sonst verschiedene Unterhaltungen, besonders physicalisch und chemische Discurse ….

Christian Gottlob Voigt (1743–1819) war Oberkammerpräsident in Weimar und wurde von Goethe selbst als „treuer und ewig unvergeßlicher Geschäftsfreund" bezeichnet. Sein einziger Sohn, Christian Gottlob der Jüngere (1774–1813), war seit 1806 Geheimer Regierungsrat in Weimar. Johann Friedrich Fuchs (1774–1828) wirkte seit 1805 als Professor der Anatomie und Medizin in Jena, und Johann Wolfgang Döbereiner (1780–1849) war Chemieprofessor in Jena, Entdecker der katalytischen Wirkung des Platins.

Beim *indianischen Weißfeuer* handelt es sich um ein blendend-weißes Licht, das beim Abbrennen eines Gemisches aus Salpeter (Kaliumnitrat), Schwefel und Realgar (Arsensulfid als Mineral As_4S_4 – geht im Sonnenlicht in Auripigment As_2S_3 und Arsenik As_2O_3 über) entsteht. In der Literatur wird dieses Weißfeuer auch mit dem Attribut „griechisch" versehen. Weißfeuer wurden zur Zeit der Engländer in Indien (ab dem 17. Jahrhundert) zu Signal- und auch zu Feuerwerkszwecken verwendet.

Mehr als ein halbes Jahrhundert nach dem frühen Brockhaus-Lexikon berichtete *Meyers Großes Konversations-Lexikon* (Band 6, S. 528–529, Leipzig 1906) sehr ausführlich über die Chemie der *Feuerwerkerei* – der Eintrag beinhaltet neben vielen Details vor allem die wesentlichen physikalisch-chemischen Grundsätze der *Lustfeuerwerkerei*:

Feuerwerkerei (Pyrotechnik), Anfertigung und Gebrauch von Gegen-ständen, die aus mehr oder minder heftig brennenden Materialien in verschiedenen Formen hergestellt werden und vermöge ihrer Feuer-wirkung entweder zur Kriegszwecken Verwendung finden sollen (Kriegsfeuer) oder zur Belustigung dienen (Lust- und Kunstfeuerwerk).

(…)

2) *Lust- und Kunstfeuerwerk*. Ein Feuerwerk besteht aus einer Anzahl einzelner Feuer, die einzeln nacheinander oder ihrer meh-rere zugleich abgebrannt werden. Eine zweckmäßige derartige Zusammenstellung vermag wesentlich zur Erhöhung des Effekts, den das ganze Feuerwerk hervorbringen soll, beizutragen. Jedes in der F. benutzte brennbare Gemenge nennt man einen S a t z. Man unterscheidet *Flammenfeuersätze*, die schönes intensives Licht und tief gefärbte Flamme geben, und *Funkenfeuersätze*, die nur einen funkenreichen Feuerstrahl erzeugen sollen. Erstere Flammensätze zur Beleuchtung von Gebäuden, lebenden Bildern etc., Lichtersätze

oder Lanzen mit langsam verbrennenden weißen oder farbigen Sätzen zur Herstellung von Namenszügen, architektonischen Gegenständen, Dekorationen etc. mit ruhiger, intensiv gefärbter Flamme, Leuchtkugelsätze, die während ihres Fluges durch die Luft verbrennen. Die Funkenfeuersätze geben nur einen schönen Funkenstrahl (Stillfeuersätze, Brillantsätze, Brillantfeuer) oder sie entwickeln zugleich so viel gas, daß sie rückwirkende Kraft auf die Hülse ausüben können, und dienen dann zu Feuerwerks- stücken, denen man eine Bewegung erteilen will. Nach der Heftig- keit, mit der die Verbrennung erfolgt, unterscheidet man rasche und faule Sätze, doch hängt die Bezeichnung wesentlich mit von der Verwendung ab: (…) Um einen faulen Satz in einen raschen oder umgekehrt zu verwandeln, genügt es meist, das Verhältnis seiner Bestandteile zu ändern. Fundamentalsätze der F. sind der Salpeter- schwefel (3 Teile Salpeter, 1 Teil Schwefel), Chloralkalischwefel (125 Teile chlorsaures Kali, 35 Teile Schwefel) und Pulversatz, zu Mehl zerriebenes Schießpulver. *Grauer Satz* ist Salpeterschwefel mit 8 Proz. Mehlpulver. Die schönsten strahlenden Funken geben Eisen- oder Stahlfeilspäne, dann Messing-, Kupfer- und Zinkspäne sowie Porzellanpulver, glühende Funken erhält man durch Zusatz gesiebter grober Kohle *(Goldregen)*. Alle diese Sätze werden in papierhülsen mit Stempel und Schlägel fest und gleichmäßig eingeschlagen, nur Schwärmer (Hülsen von 1 cm Durchmesser) werden am besten mög- lichst ungleichmäßig geschlagen. (…) Auf die letzte Schicht Satz bringt man in der Regel einen Schlag von Kornpulver und schließt dann die Röhre durch eine Tonschicht. Röhren, die nacheinander brennen sollen, werden in entsprechender Reihenfolge mittels Zünd- schnur zur Übertragung des Feuers verbunden. Die *Zündschnur* besteht aus Fäden von Baumwollgarn, in Anfeuerung [breiartige Mischung von Mehlpulver und Kornbranntwein] getränkt. *Leitfeuer,* zum Verbinden entfernter Röhren dienend, ist eine Zündschnur, durch etwa 0,5–0,7 cm weite Papierhülsen gezogen. *Zündlichte* sind dünne Papierhülsen, mit Zündlichtersatz (grauer Satz und Kolophon) geschlagen, die zum Anzünden des Feuerwerks dienen. *Lunte* besteht aus Hanfschnüren, in salpetersaurem Blei getränkt und mit Schwe- fel, Salpeter oder salpetersauren Strontian überzogen; dient zur Dar- stellung von Namenszügen u. dgl. drei- oder mehrrohrige Räder, 1–1,5 m lange, gerade oder S-förmig gebogene Arme u. dgl. drehen sich vermöge der durch die ausströmenden Gase hervorgerufenen Reaktion um eine Achse.

Der daran anschließende Text über die speziellen Arten von Feuerwerkskörpern wird in Kap. 4 „Beispiele aus der Praxis" zitiert.

Im dem bereits zitierten Werk von A. Eschenbacher von 1876 wird der Begriff *pyrotechnische Chemie* wie folgt definiert:

> Die pyrotechnische Chemie hat die Aufgabe, den Feuerwerker mit den Eigenschaften und der Bereitung jener chemischen Präparate bekannt zu machen, welche er zu seinem Geschäfte braucht. Wir halten es für überflüssig, besonders darauf hinzuweisen, daß der gegenwärtige Abschnitt der wichtigste des ganzen Buches ist; ebenso, wie der Kaufmann die Eigenschaften seiner Waaren genau kennen muß, muß auch der Pyrotechniker die Eigenschaften seiner Präparate genau kennen, und dies ist für ihn um so wichtiger, als nicht nur das Gelingen seiner Arbeiten davon abhängig ist, sondern er sich auch hierdurch, wie erwähnt, vor großem Schaden bewahren kann.

Dieses Buch soll nicht zur eigenen Herstellung pyrotechnischer Artikel anleiten, sondern die Neugier befriedigen, die bei deren oft verblüffenden, zumindest aber beeindruckenden Effekten entsteht. Im Vordergrund aller folgenden Informationen steht dabei das chemische Grundwissen.

2.1   Pyrotechnischer Satz

Als *pyrotechnischer Satz* wird ein Stoffgemisch zur Erzeugung mechanischer, thermischer, optischer und/oder akustischer Effekte bezeichnet. Inhaltsstoffe sind mindestens ein Oxidationsmittel und ein Brennstoff. Ein pyrotechnischer Satz stellt den *chemischen Funktionsträger* von pyrotechnischen Objekten dar. Zweck des als pyrotechnischer Satz bezeichneten Stoffgemisches ist es, eine akustische (Schall), optische (Licht, Farben, Nebel, Rauch), thermische (Wärme) und/oder mechanische (Druck, Bewegung) Wirkung zu erzeugen.

Aus physikalisch-chemischer Sicht unterscheidet sich die Wirkung eines pyrotechnischen Satzes nicht grundsätzlich von einer normalen Verbrennung. Charakteristika sind jedoch die Unterschiede in der *Verbrennungsgeschwindigkeit* sowie die Komplexität der pyrotechnischen Reaktionen. Zu den Einflussgrößen des Abbrandverhaltens von Feuerwerkssätzen gehören auch die Partikelgröße, die Abbrandbedingungen wie Temperatur, Druck

oder insbesondere auch die Verdämmung des Stoffgemisches –
s. auch Abschn. 4.2.2.

Im zu Beginn des Kapitels zitierten Text aus *Meyers Großes
Konversations-Lexikon* von 1906 sind bereits Zusammensetzungen
von *Sätzen* zu finden, die hier ohne Angaben der Mengenverhält-
nisse wiedergegeben werden:

- *Treibsätze:* Mehlpulver, grobe Kohle, Metallspäne oder
  Porzellanpulver.
- *Raketensatz:* Mehlpulver, gut gesiebte grobe Kohle.
- *Fundamentalsatz:* Kaliumchlorat und Schwefel
- *Bengalische (farbige) Flammen:*
  - *weiß:* Schwefel, Kaliumnitrat, Antimonsulfid, Mehlpulver –
    oder: Schellack, Bariumnitrat + Magnesiumpulver
  - *blau:* Kaliumchlorat, Holzkohle, Kupferammoniumsulfat.
  - *rot:* Kaliumchlorat, Schwefel, Holzkohle, Strontiumnitrat,
    Antimonsulfid.
  - *grün:* Kaliumchlorat, Schwefel, Holzkohle, Bariumnitrat.
  - *gelb:* Schwefel, Holzkohle, Natriumnitrat, Kaliumnitrat.
  - *weiß* mit *blaugesäumter* Flamme: Kaliumnitrat, Schwefel,
    Cadmiumsulfid, Kohle.

Und auch aus dem ausführlicheren Lexikonartikel in *Meyers
Großem Universal-Lexikon* können wir die damals üblichen
Substanzen entnehmen. Es sind: Salpeter (Kaliumnitrat), Schwe-
fel, Kaliumchlorat, Mehl, Messing-, Kupfer- und Zinkspäne,
Eisen- und Stahlfeilspäne, Porzellanpulver, Kohle, Ton und
Strontiumnitrat.

Im Folgenden werden diese und die heute eingesetzten Stoffe
ihren Funktionen entsprechend eingeteilt und beschrieben.

2.1.1 Oxidationsmittel

Oxidationsmittel haben die Aufgabe, den für eine Verbrennung
des Brennstoffs erforderlichen Sauerstoff zu liefern – unabhängig
vom Luftsauerstoff.

Die verwendeten Oxidationsmittel müssen den Sauerstoff leicht, d. h. schon bei relativ niedrigen Temperaturen abgeben, und sie dürfen nicht hygroskopisch sein. Aus letzterem Grund ist das Natriumnitrat, obwohl es zugleich eine gelbe Flammenfärbung verursacht, nicht geeignet. Es gibt zwar bereits bei 380 °C den ersten Teil des Sauerstoffs ab (bei 800 °C Zerfall in Natriumoxid, Stickstoff und Sauerstoff nach der Gleichung: $4\,NaNO_3 \rightarrow 2\,Na_2O + 2\,N_2 + 5\,O_2$), zieht aber in reiner kristalliner Form Wasser stark an.

Oxidationsmittel, welche die Bedingungen bei Raumtemperatur stabil, bei niedrigen Temperaturen sauerstoffabgebend erfüllen, sind allgemein Metallsalze anorganischer Säuren wie Nitrat, Chlorate und Perchlorate.

In der Fachliteratur werden danach auch Bromate, Iodate, Chromate, Permanganate, Oxide – gelegentlich auch Peroxide, Sulfate und Peroxodisulfate – genannt. Im Folgenden werden die wichtigsten Oxidationsmittel exemplarisch und ausführlicher vorgestellt.

Nitrate

Kaliumnitrat (Salpeter) – das klassische Oxidationsmittel seit Erfindung des Schwarzpulvers (s. Kap. 1): Schmelzpunkt 334 °C, Zersetzung ab 400 °C partiell: $2\,KNO3 \rightarrow 2\,KNO2 + O2$; ab 750 °C vollständig: $4\,KNO3 \rightarrow 2\,K2O + 2\,N2 + 5\,O2$). Kaliumnitrat ist deutlich weniger hygroskopisch als viele anderen Nitrate (vor allem im Vergleich zum Natriumnitrat, s. o.).

Guanidin(ium)nitrat (Gudanidinsalpeter) Gudanidinnitrat ($CN_3H_6NO_3$) bildet farblose Kristalle mit einem Schmelzpunkt von 215 °C. Es handelt sich um einen explosionsfähigen, brandfördernden Stoff mit vergleichbaren Eigenschaften wie das Ammoniumnitrat. Er ist jedoch nicht schlag- bzw. reibempfindlich wie das Kaliumchlorat. Ab 250 °C erfolgt eine Zersetzung unter Sauerstoffabgabe des Nitrats.

$$\left[\begin{array}{c} NH_2 \\ H_2N \diagdown\diagup NH_2 \end{array} \right]^+$$

Guanidiniumion

Strontium- und Bariumnitrat Beide Substanzen gehören ebenfalls zur Gruppe der farbgebenden Bestandteile in einem Feuerwerkskörper. Zugleich liefern sie als Nitrate auch den Sauerstoff.

Beim Strontiumnitrat erfolgt oberhalb des Schmelzpunktes von 570 °C eine Zersetzung. Wird es bei hoher Temperatur zusammen mit Magnesiumpulver und begünstigt durch den Zusatz von Hexamethylentetramin verwendet, so entsteht kurzzeitig Sr(I)OH, ein starker Emitter (Strahler) von rotem Licht.

Bariumnitrat zersetzt sich bereits bei Temperaturen über 550 °C zu Bariumoxid, Stickstoff, Sauerstoff und auch Stickstoffmonoxid:

$$4\,Ba(NO_3) \rightarrow 4\,BaO + 3\,O_2 + N_2 + 2\,NO$$

Sowohl der freigesetzte Sauerstoff als auch das als Zwischenprodukt gebildete Stickstoffmonoxid wirken als Oxidationsmittel. Zugleich liefert das Barium die grüne Farbe der Flamme.

Chlorate/Perchlorate

Kaliumchlorat Als weißes beständiges Salz wirkt diese Verbindung stark oxidierend und wird u. a. bei der Herstellung von Zünd-/Streichhölzern verwendet.

Beim Erhitzen über den Schmelzpunkt von 368 °C disproportioniert es zunächst in Kaliumperchlorat und Kaliumchlorid:

$$4\,KClO_3 \rightarrow 3\,KClO_4 + KCl$$

Beim Erhitzen auf über 550 °C zerfällt Kaliumchlorat vollständig in Sauerstoff und Kaliumchlorid:

$$2\,KClO_3 \rightarrow 2\,KCl + 3\,O_2$$

Besonders heftig sind die Reaktionen in Anwesenheit leicht oxidierbarer Stoffe wie Schwefel, Phosphor (Zündholz) und auch Kohlenstoff. In Mischungen können sie schon durch Reibung, Stoß oder Schlag explodieren – nach folgenden Reaktionen:

$$2\,KClO_3 + 3\,S\,(C) \rightarrow 2\,KCl + 3\,SO_2\,(CO_2)$$

bzw.

$$5\,KClO_3 + 6\,P \rightarrow 5KCl + 3\,P_2O_5$$

Setzt man Mangandioxid (MnO_2) als Katalysator zu, so verläuft die vollständige Sauerstoffabgabe (ohne Explosion) bereits bei 150 bis 200 °C.

Eine sehr anschauliche Schilderung der Eigenschaften von Kaliumchlorat ist im Buch von A. Eschenbacher „Die Feuerwerkerei" aus dem Jahr 1876 zu finden:

> Wenn man chlorsaures Kali vorsichtig erhitzt, so schmilzt es zu einer klaren Flüssigkeit; erhitzt man stärker, so entwickelt sich aus der geschmolzenen Masse reines Sauerstoffgas in reichlicher Menge, wobei die Masse dickflüssiger wird und nach einer gewissen Zeit keinen Sauerstoff mehr abgiebt. Die Masse besteht nun aus Chlorkalium KCl und überchlorsaurem Kali. [s. dazu die ersten beiden Reaktionen oben] Erhitzt man noch stärker, so findet plötzlich eine außerordentlich heftige Entwickelung von Sauerstoff statt [s. zum Kaliumperchlorat weiter unten], und es hinterbleibt reines Chlorkalium. Es ist somit das chlorsaure Kali durch Hitze vollkommen zersetzbar und giebt allen Sauerstoff ab.

Anschließend folgen einige wichtige Warnungen des Chemikers und erfahrenen Pyrotechnikers Eschenbacher zum Umgang mit dieser Substanz!

> Die außerordentlich kräftig oxydirenden Wirkungen, welche das chlorsaure Kali besitzt, machen es zu einem in der Pyrotechnik höchst verwendbaren Körper, der aber bei unrichtiger Behandlung leicht furchtbare Explosionen hervrufen kann. Vor allem hat man darauf zu sehen, daß das Salz nicht mit Holzsplittern, Kohle oder

Staub zusammen kommt; während man reines chlorsaures Kali ohne alle Gefahr pulvern kann, ist es höchst gefährlich das durch die angeführten Stoffe verunreinigte Salz zu pulvern; eine Explosion wäre die Folge davon. Man muß daher chlorsaures Kali immer in fest verschlossenen Glasgefäßen aufbewahren, und die Mörser, in welchen dieses Salz gepulvert werden soll, auf das sorgfältigste reinigen. Am besten ist es immer, zum Pulvern dieses und aller chlorsauren Salze einen besonderen Mörser zu verwenden, der zu keinem anderen Zweck benützt wird.

Wenn man chlorsaures Kali und Schwefel zusammenreibt, so erfolgt eine heftige Explosion. Man darf aber höchstens eine Messerspitze von Kaliumchlorat und ein Schwefelstück von etwa Hirsekorngröße verwenden; schon bei diesen kleinen Quantitäten ist die Explosion eine sehr heftige.

Legt man ein Stückchen Phosphor von der Größe eines Stecknadelkopfes auf eine Unterlage von chlorsaurem Kali, und schlägt mit dem Hammer darauf, so explodirt das ganze mit einem Knalle, welcher dem eines starken Flintenschusses gleicht.

Diese Reaktion hat der Autor G.S. in zahlreichen Experimentalvorträgen in Schlössern, Klöstern und Museen mit rotem Phosphor und Kaliumchlorat auf Filterpapier erfolgreich vorgeführt.

Am heftigsten und von wahrhaft furchtbarer Wirkung sind die Explosionen von Gemischen, welche aus chlorsaurem Kali und Antimonsulfid Sb_2S_3 bestehen. Man darf diese Gemische nur unter Anwendung der äußersten Vorsichtsmaßregeln bereiten, indem man die fein gepulverten Körper durch Zusammengießen auf Glanzpapier mischt; nie soll man auf einmal mehr davon als eine Messerspitze von beiden Stoffen vermengen. Dieses Gemisch explodirt schon durch einen gelinden Stoß mit äußerster Heftigkeit.

Die Ursache dieser heftigen Zerlegungen liegt, wie erwähnt wurde, in der außerordentlich großen Zerleglichkeit der Chlorsäure, welchen ihren Sauerstoff abgibt und hierdurch die in dem Gemenge enthaltenen brennbaren Stoffe verbrennen macht.

Kaliumperchlorat Anstelle des Kaliumchlorats wird in der Pyrotechnik häufig das entsprechende Salz der Perchlorsäure verwendet. Kaliumperchlorat schmilzt unter Zersetzung bereits bei Temperaturen über 400 °C. Die Substanz ist zwar stark brandfördernd, jedoch wird bei der Freisetzung von Sauerstoff nur wenig Wärmeenergie frei – es handelt sich um einen schwach exothermen Vorgang. Die freiwerdende Energie reicht nicht aus, um weiteres Perchlorat über die Zersetzungstemperatur hinaus zu erwärmen, sodass es sich nicht explosiv zersetzen kann. Außerdem ist das Salz nicht hygroskopisch, weshalb es sich gut lagern lässt.

Bariumchlorat Bariumchlorat ist ein starkes Oxidationsmittel; die Zersetzung beginnt bereits bei Temperaturen über 250 °C:

$$Ba(ClO_3)_2 \rightarrow BaCl_2 + 3\,O_2$$

Als Bariumsalz zählt es auch zu den farbgebenden Substanzen von Leuchtfeuern. Es wird in der Pyrotechnik zwar nur noch selten verwendet, in grünen Leuchtsternen zeichnet es sich jedoch durch die erzielte Farbreinheit aus.

Ammoniumperchlorat Ammoniumperchlorat (NH_4ClO_4) bildet farb- und geruchlose Kristalle. Bei Reibung oder Hitze sowie vor allem im Gemisch mit leicht brennbaren (oxidierbaren) Substanzen (Reduktionsmitteln) wie Schwefel, Metallpulvern oder organischen Stoffen reagiert es heftig. Mit einem Bindemittel versetzt eignet es sich u. a. für Feuerwerksraketen. Bei Erhitzung über 200 °C oder infolge einer Initialzündung zersetzt es sich nach folgender Gleichung:

$$2\,NH_4ClO_4 \rightarrow Cl_2 + 2\,O_2 + 4\,H_2O + W$$

Die Reaktionsprodukte dehnen sich wegen der gebildeten Reaktionswärme (W) explosionsartig aus. In dieser Substanz wirkt das Ammoniumion als Reduktionsmittel und das Perchloration als Oxidationsmittel. Sowohl der Sauerstoff als auch das Chlor wirken weiter oxidierend – beispielsweise auf einen Zusatz von Aluminium (als Brennstoff – s. dort).

Sulfate

Strontiumsulfat und Bariumsulfat Bei sehr hohen Temperaturen zersetzen sich die beiden in Wasser nur wenig löslichen Sulfate wie folgt:

$$2\,BaSO_4 \rightarrow 2\,BaO + 2\,SO_2 + O_2$$

bzw.

$$2\,SrSO_4 \rightarrow 2\,SrO + 2\,SO_2 + O_2$$

Beide Substanzen tragen zugleich mit Grün (Barium) bzw. Rot (Strontium) zur Flammenfärbung bei.

Oxide

Antimon(III)oxid Die speziellen Eigenschaften des Antimon(III)oxids Sb_2O_3 erklären auch seine Verwendung als Oxidationsmittel. Es stellt ein weißes, beim Erhitzen gelbes Pulver dar, dass beim Erkalten wieder die weiße Ausgangsfarbe annimmt. Der Schmelzpunkt beträgt 655 °C; bei 606 °C wandelt sich das kubische Oxid in die rhombische (enantiotrope) Modifikation um. Beim Glühen an der Luft nimmt es über 700 °C weiteren Sauerstoff unter Bildung von Antimontetraoxid Sb_2O_4 auf. Andererseits aber lässt es sich in Anwesenheit von Kohle (oder auch Kohlenstoffmonoxid) leicht zum Metall reduzieren: $Sb_2O_4 + 4\,C \rightarrow 2\,Sb + 4\,CO$.

Mangandioxid Mangandioxid (MnO_2), das in der Natur als Braunstein vorkommt, spielt auch bei der Entdeckung des Sauerstoffs eine wesentliche Rolle. 1771 beobachtete der in Stralsund geborene Apotheker und Chemiker Carl Wilhelm Scheele (1742–1786) beim Erhitzen von Braunstein erstmals die Bildung von „Vitriolluft", die er später als „Feuerluft" bezeichnete (Abb. 2.1).

Die Ergebnisse von Scheeles umfangreichen Untersuchungen wurden erst 1777 durch den bedeutenden schwedischen Chemiker Torbern Olof Bergman (1735–1784) veröffentlicht. Der englische Chemiker Joseph Priestley (1733–1804) entdeckte 1773/1774 unabhängig von Scheele ebenfalls das damals noch unbekannte Element Sauerstoff, und der französische Chemiker Lavoisier (1743–1794) stellte Sauerstoff 1774 durch die thermische Zersetzung über 1200 °C von Eisen(III)oxid Fe_2O_3 ($3\,Fe_2O_3 \rightarrow 2\,FeO\cdot Fe_2O_3$ ($=Fe_3O_4$)$+\frac{1}{2}\,O_2$) her, ohne die Natur des Gases zu erkennen. Auf der Grundlage von Scheeles Experimenten und Ergebnissen entwickelte Lavoisier dann seine Oxidationstheorie.

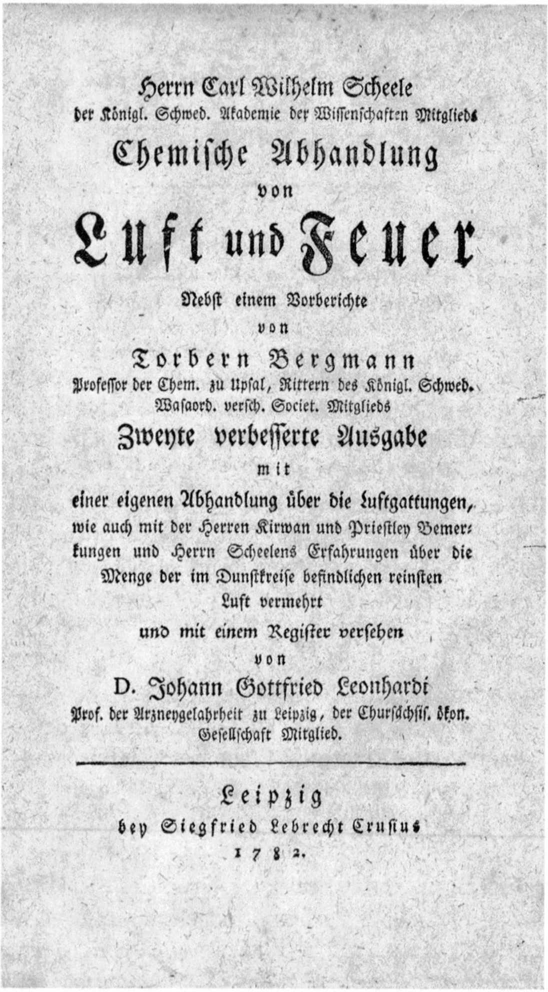

Herrn Carl Wilhelm Scheele
der Königl. Schwed. Akademie der Wissenschaften Mitglieds
Chemische Abhandlung
von
Luft und Feuer
Nebst einem Vorberichte
von
Torbern Bergmann
Professor der Chem. zu Upsal, Rittern des Königl. Schwed.
Wasaord. versch. Societ. Mitglieds
Zweyte verbesserte Ausgabe
mit
einer eigenen Abhandlung über die Luftgattungen,
wie auch mit der Herren Kirwan und Priestley Bemerkungen und Herrn Scheelens Erfahrungen über die
Menge der im Dunstkreise befindlichen reinsten
Luft vermehrt
und mit einem Register versehen
von
D. Johann Gottfried Leonhardi
Prof. der Arzneygelahrheit zu Leipzig, der Chursächsis. ökon.
Gesellschaft Mitglied.

Leipzig
bey Siegfried Lebrecht Crusius
1782.

Abb. 2.1 Carl Wilhelm Scheeles *Chemische Abhandlung von der Luft und dem Feuer.* (© Library of congress, rare book an special collections division/ Science Photo Library)

Das braunschwarze Pulver Mangandioxid gibt auch beim Erhitzen einen Teil des Sauerstoffs ab – bei 450 und bei über 600 °C:

- $> 450\,°C : \to \; 4\,MnO_2 \to 2\,Mn_2O_3 + O_2$

- $> 600\,°C : \to \; 6\,Mn_2O_3 \to 4\,Mn_3O_4 + O$

Im MnO_2 hat das Mangan die Oxidationsstufe +4; im Mn_2O_3 beträgt sie +3. Mn_3O_4 ist ein Mischoxid aus MnO mit der Oxidationsstufe +2 und Mn_2O_3.

Mangandioxid weist auch katalytische Eigenschaften auf – so bei der Zersetzung von Wasserstoffperoxid – s. auch unter Kaliumchlorat.

In Tab. 2.1 sind die *Zersetzungstemperaturen* auch weiterer Oxidationsmittel im Überblick zusammengestellt (in °C).

Tab. 2.1 Zersetzungstemperaturen von Oxidationsmitteln. (Nach K. Menke, ChiuZ 1978)

Chlorate/Perchlorate	
$NaClO_3$	350
$KClO_3$	565–620
$NaClO_4$	490–527
$KClO_4$	510–619
$RbClO_4$	635
$CsClO_4$	630
Nitrate	
$NaNO_3$	520
KNO_3	628–800
$Ba(NO_3)_2$	605
Permanganate	
$KMnO_4$	240
$NaMnO_4$	**170**
Oxide	
PbO_2	375–460

Perfluorierte organische Verbindungen

Polytetrafluoethylen Die als *Teflon*® bezeichnete Substanz mit der allgemeinen Formel $(C_2F_4)_n$ ist ein ungewöhnliches Oxidationsmittel. Es wirkt entsprechend der allgemeinen Elektronentheorie der Redoxreaktionen, die ohne Sauerstoff auskommen, in Gegenwart von leicht oxidierbaren Metallen wie dem Magnesium auf folgende Weise:

$$2n\,Mg\,+\,(C_2F_4)_n \rightarrow 2n\,MgF_2\,+\,2n\,C$$

Das Magnesium wird durch das als Atom im Teflon gebundene Fluor zu Magnesium (+2) im Salz Magnesiumfluorid oxidiert, Fluor dabei zum Fluoridion (−1) reduziert. Bei dieser Reaktion wird viel Wärme freigesetzt, die sich aus dieser Umsetzung ergibt − und es entsteht viel Ruß (2n C). Daher wird die entstehende Verbrennungsflamme (im Gemisch mit einem weiteren polymeren Fluorkohlenwasserstoff (Viton®: Vinylidenfluorid-Hexafluorisopropen-Copolymer, $(CH_2CF_2)_n(CF(CF_3)(CF_2)_n)$ − als pyrotechnischer Satz kurz MTV oder MagTef genannt − als *Grauer Körper* mit hoher Emission bezeichnet.

Als *grauen Körper* bezeichnet man in der Strahlungsphysik einen Körper, dessen Oberfläche die auftreffende Strahlung nicht vollständig absorbiert und deshalb auch nicht bei einer entsprechenden Temperatur die maximale Strahlung emittiert.

Die Besonderheiten dieses pyrotechnischen Satzes bestehen darin, dass sich − je nach dem Verhältnis der Stoffmengen der verwendeten Substanzen − unterschiedliche Abbrandgeschwindigkeiten erzielen lassen: Mit steigendem Magnesiumgehalt nimmt die Abbrandgeschwindigkeit zu.

Je nach Zusammensetzung wird auch ein Teil das Magnesiums verdampft (Siedepunkt 1110 °C) und ebenso wie ein Teil des Kohlenstoffs durch den Luftsauerstoff zum entsprechenden Oxid oxidiert.

Nitrocellulose – u. a. in Zündschnüren

Zündschnüre
Für die meisten pyrotechnischen Sätze werden *Zündschnüre* benötigt, die allgemein zu den *Zündmitteln* gerechnet werden.

Zündschnüre sind an allen frei verkäuflichen Feuerwerkskörpern angebracht. Sie sind fest mit dem pyrotechnischen
Satz verbunden und stellen eine *Verzögerung* dar, wodurch der
Anzündende die Zeit erhält, um einen Sicherheitsabstand herzustellen, bevor der eigentliche pyrotechnische Effekt eintritt.
A. Eschenbacher schrieb über die Anwendung von *Schießbaumwolle*, die als Nitrocellulose auch heute noch verwendet
werden kann, im Zusammenhang mit Zündschnüren:

> Unter allen Zündvorrichtungen, welche das Feuer raschen fort-
> pflanzen sollen, erscheinen uns die aus Schießbaumwolle gefertigten
> Zündschnüre als die einfachsten und dabei vollkommensten. Ein
> einfacher Faden aus Schießbaumwolle brennt mit außerordentlicher
> Geschwindigkeit ab und theilt das Feuer einem Zündpapiere, um
> welches er gewickelt ist, mit voller Sicherheit mit.

In der Pyrotechnik unterscheidet man zunächst folgende *Anzündmittel* (die keine für eine Detonation ausreichende Energie zur
Verfügung stellen):

Unter *Handzündung* versteht man die direkte Zündung mit
offenem Feuer – anwendbar in der Kleinfeuerwerkerei.

Zündschnüre werden in folgende Kategorien eingeteilt:

- Als *Visco* (am häufigsten für Kategorie-2-Feuerwerk, das
  typische *Silvesterfeuerwerk* verwendet) bezeichnet man eine
  Zündschnur mit *Schwarzpulver* oder einem schwarzpulver-
  ähnlichem Gemisch, das auf einen dünnen Faden aufgebracht
  ist. Um diesen Faden ist ein Zwirn gedreht, der meist noch
  mit einem auf Nitrocellulose basierenden Lack überzogen ist,
  um ihn wasserabweisend zu machen.
- Als *Chinese Fuse* bezeichnet man ein in sehr feines Seiden-
  papier eingedrehtes Schwarzpulver – das älteste, günstigste,
  aber auch unzuverlässigste Anzündmittel. Die Brenndauer
  kann infolge großer Unterschiede in der Konsistenz und
  Dichte erheblich schwanken.

Bei der *Schießbaumwolle* handelt es sich um *Nitrocellulose* oder
Cellulosenitrat. Bei der Herstellung werden Wasserstoffatome der

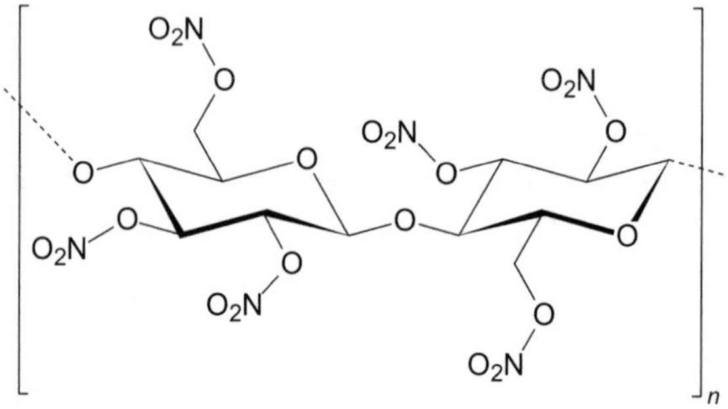

Abb. 2.2 Struktur des Cellulosetrinitrats (Salpetersäureester der Cellulose)

OH-Gruppen von Cellulose durch Nitro(NO_2)-Gruppen ersetzt. Je nach Mischungsverhältnis mit Salpetersäure wird als Produkt das Mononitrat (ca. 7 % N), das Dinitrat (ca. 11 % N) bzw. das Trinitrat (mit ca. 14 % N; Abb. 2.2) erhalten. In der Pyrotechnik sind Cellulosenitrate mit maximal 12,6 % N zugelassen. Dieses Produkt wird auch als *Collodiumwolle* bezeichnet.

Historischer Exkurs

Die *Schießbaumwolle* wurde 1846 von dem Chemiker Christian Friedrich Schönbein (Metzingen 1799–1868 Baden-Baden, Entdecker auch des Ozons, ab 1835 Professor in Basel; Abb. 2.3) und unabhängig davon im selben Jahr von Rudolf Christian Böttger (geb. 1806 in Aschersleben; gest. 1881 in Frankfurt am Main, ab 1835 Lehrer und Professor für Chemie und Physik im *Physikalischen Verein* in Frankfurt am Main; auch Erfinder der Sicherheitszündhölzer; Abb. 2.3) entdeckt. Schönbein stellte seine Entdeckung am 27. Mai 1846 vor der Basler naturforschenden Gesellschaft vor. Sie ist in den Sitzungsprotokollen der Gesellschaft dokumentiert. Noch im selben Jahr stellte Professor Friedrich Julius Otto (geb. 1809 in Großenhain, gest. 1870 in Braunschweig; Abb. 2.3) am Braunschweiger Collegium Carolinum Schießbaumwolle her und veröffentlichte sein Verfahren im Oktober 1846.

Abb. 2.3 Die Entdecker der Schießbaumwolle von links: Christian Friedrich Schönbein, Rudolf Christian Böttger und Friedrich Julius Otto. (a: © akg-images/picture alliance, c: © The History Collection/Alamy/mauritius images)

Bei der Herstellung von **Nitrocellulose** aus Cellulose und Nitriersäure (Gemisch aus konzentrierter Salpetersäure und konzentrierter Schwefelsäure) findet eine *Veresterung* statt – formal die Reaktion einer alkoholischen OH-Gruppe mit einer Säure (Abb. 2.4). Der Stickstoffgehalt – der Grad der Nitrierung – wird durch die Zusammensetzung der Nitriersäure und durch die Reaktionszeit bestimmt. Nach der Reaktion wird das Reaktionsprodukt mit Wasser so lange ausgewaschen, bis ein pH-Wert von 7 erreicht ist.

In der Pyrotechnik wird *Collodiumwolle* zur Indoor-Pyrotechnik z. B. für Tischfeuerwerke und Fontänen eingesetzt. Sie gehört zu den *Brennstoffen* bzw. *Reduktionsmitteln* und wird zugleich auch als *Bindemittel* verwendet.

Da trockene Nitrocellulose leicht entzündlich ist, werden die entsprechenden Produkte (Pyroschnur, -watte oder -papier) mit demineralisiertem Wasser angefeuchtet gelagert oder auch mit Weichmachern als Zusatz als sogenannte *phlegmatisierte* stabile Produkte (d. h. mit verringerter Reaktivität) gehandelt.

Nitrocellulose brennt nahezu rauchfrei mit einer intensiv gelb gefärbten Flamme. Sie ist in Wasser unlöslich, in organischen Lösemitteln wie Aceton ist sie dagegen gut löslich.

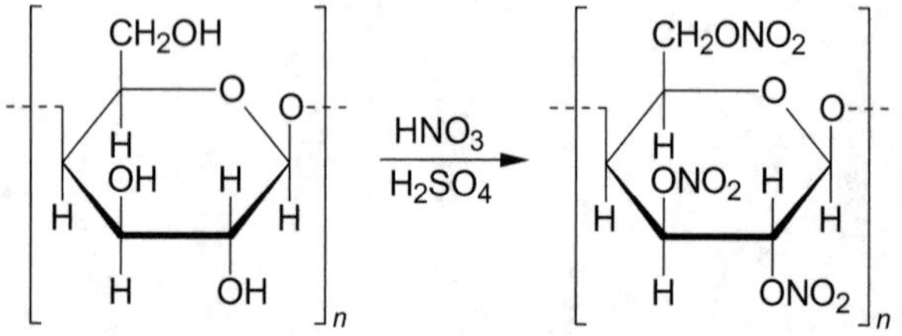

Abb. 2.4 Synthese von Schießbaumwolle (Trinitrocellulose oder Cellulose-trinitrat)

2.1.2 Brennstoffe

Die historisch-klassischen Brennstoffe sind *Kohle* und *Schwefel* im *Schwarzpulver.* Brennstoffe sind zugleich Reduktionsmittel – also vor allem auch alle organische Verbindungen, die genügend Kohlenstoff und Wasserstoff enthalten und somit an der Luft brennen. Neben der klassischen Holzkohle verwendet man polymere Naturharze wie Schellack oder Akaroidharz (aus Australien stammend, auch Erdschellack genannt – von verschiedenen Arten von Grasbäumen stammend), synthetische Polymere wie Phenoplaste, Aminoplaste, Polyesterharz, Polyurethan und Polyvinylchlorid. In Rauchsätzen finden auch Stärke, Zucker, Cellulose und Holzmehl Verwendung.

Klassische Brennstoffe

Kohle Der klassische Brennstoff *Holzkohle* entsteht bei der Erhitzung von luftgetrocknetem Holz (auf 13–18 % Wasser getrocknet) unter Luftabschluss auf 275 °C. Bei dieser Pyrolyse steigt die Temperatur auf 350 bis 400 °C an, wobei die leicht-flüchtigen Anteile verbrennen. Als Rückstand bleiben etwa 35 % des Holzes an Holzkohle.

Für die Verwendung in Schwarzpulver (s. weiter unten) erfolgt die Verkohlung des Holzes in Öfen. Um den Verkohlungsprozess besser (als z. B. in Meilern) steuern zu können, füllt man das Holz in große eiserne Zylinder, die verschlossen in Öfen geschoben werden. Die Temperatur des Ofens wird auf 300 bis 400 °C begrenzt. Zur Herstellung von Schwarzpulver werden Pappel- oder Erlenholz für Holzkohle bevorzugt. Die Entzündungstemperatur bei Anwesenheit von Sauerstoff beträgt bei Holzkohle ungefähr 300 °C.

In Abhängigkeit von der Sauerstoffmenge bzw. vom Verhältnis Kohlenstoff zu Sauerstoff entstehen Kohlenstoffmonoxid bzw. Kohlenstoffdioxid:

$$2\,C \,+\, O_2 \rightarrow 2\,CO$$

$$C \,+\, O_2 \rightarrow CO_2$$

Schwefel Der auch in der Natur gediegen vorkommende Schwefel schmilzt bei 115 °C (und siedet bei 445 °C). Die Zündtemperatur liegt bereits bei 250 °C und damit etwas niedriger als bei der Holzkohle. Schwefel verbrennt zum Schwefeldioxid:

$$S \,+\, O_2 \rightarrow SO_2$$

Bei Anwesenheit von Eisen kann auch das Schwefeltrioxid gebildet werden:

$$2\,S \,+\, 3\,O_2 \rightarrow 2\,SO_3$$

Schwefeldioxid bildet ein farbloses, stechend riechendes Gas; Schwefeltrioxid, das mit Wasser heftig reagiert und sich zur Schwefelsäure umsetzt, tritt dagegen als weißer Rauch auf (Schmelzpunkt 17 °C; Siedepunkt 45 °C).

Schwarzpulver Nachdem der französische Chemiker und Vater der modernen Chemie Antoine Laurent de Lavoisier (1743–1794) 1777/1778 die Verpuffung von Schwarzpulver näher untersucht hatte, bestimmte sein Landsmann Claude Louis Comte Berthollet (1748–1822) die optimale Zusammensetzung mit den Verhältnissen 16:3:1 (80 % Kaliumnitrat, 15 % Kohle, 5 % Schwefel).

Nach heutigem lexikalischem Wissensstand wird Schwarzpulver als ein Gemenge aus etwa 75 % Kaliumnitrat (Salpeter),

15 % Holzkohle und 10 % Schwefel beschrieben. Es entzündet sich bei etwa 270 °C, wonach große Gasmengen aus Stickstoff und Kohlenstoffmonoxid – mit geringen Anteilen an Methan, Schwefelwasserstoff und Wasserstoff sowie im Pulverdampf vor allem Kaliumcarbonat, Kaliumsulfit und auch Kaliumthiosulfat. Die Verbrennungstemperatur erreicht bis zu 2000 °C.

Robert Bunsen (1811–1899) und sein Mitarbeiter L. Schischkoff aus St. Petersburg untersuchten 1857 den Verbrennungsvorgang und gaben folgende Ergebnisse an:

1. Gasförmige Produkte: 53 % CO_2, 41 % N_2, 4 % CO, 1 % H_2, 0,5 % SO_2 und 0,5 % O_2.
2. Feststoffe: 56 % K_2SO_4, 27 % K_2CO_3, 8 % $K_2S_2O_3$ (Kaliumthiosulfat), 1 % K_2S, 1 % KSCN (Kaliumthiocyanat), 1 % $(NH_4)_2CO_3$ und 5 % unumgesetztes KNO_3 sowie 1 % unverbrannter Kohlenstoff.

Danach lässt sich die Gesamtgleichung (vereinfacht) wie folgt formulieren:

$$16\,C + 4\,S + 10\,KNO_3 \rightarrow 16\,CO_{(g)} + 5\,N_{2(g)} + K_2CO_{3(s)} + 4\,K_2SO_{3(s)}$$

(g: „gaseous" = gasförmig, s: „solid" = fest)

K. Menke gibt davon etwas abweichend folgende Gleichung an:

$$16\,KNO_3 + 6\,S + 13\,C \rightarrow 5\,K_2SO_4 + 2\,K_2CO_3 + K_2S + 16\,N + 11\,CO_2$$

(s. dazu auch Kap. 6 „Einfache Experimente")

Berechnet man nach der ersten Gleichung ein optimales Verhältnis im Gemenge, so ergibt sich:

- C: 11,4 %
- S: 9,6 %
- KNO_3: 76 %

Aus 10 g des Gemenges entstehen (auf 25 °C bezogen, ohne Berücksichtigung der Gasausdehnung infolge der hohen Temperaturen) 2,69 L Kohlenstoffmonoxid und 84 ml Stickstoff – also insgesamt 2,784 L Gas, wobei die 10 g etwa ein Volumen von 15 ml einnimmt.

Bereits A. Eschenbacher ging in seinem Buch „Die Feuerwerkerei" von 1876 auf die grundlegenden Erscheinungen bei der Zündung eines Gemisches aus Schwefel und Salpeter ein:

> Wenn Schwefel in einem Feuerwerkssatze mit Salpeter zur Entzündung gebracht wird, so kann eine mehrfache Erscheinung eintreten. Ist eine genügende Menge von Salpeter vorhanden, so wird geradezu aller vorhandener Schwefel so vollständig verbrannt als dies nur möglich ist, somit in Schwefelsäure umgewandelt; den hiezu nöthigen Sauerstoff liefert der Salpeter; die neugebildete Schwefelsäure vereinigt sich aber sofort mit dem früher im Salpeter enthalten gewesenen Kalium zu schwefelsaurem Kali oder Kaliumsulfat:
>
> $$2(KNO_3) + S = K_2SO_4 + N_2 + O_2$$
>
> Zwei Aequivalente Salpeter zerlegen sich mit einem Aequivalent Schwefel zu Kaliumsulfat, freiem Stickstoff und Sauerstoff.
>
> Ist die Menge des Salpeters nicht ausreichend, um allen Schwefel in Schwefelsäure zu verwandeln, so wird ein Theil des Schwefels blos in Schwefeldioxyd umgewandelt; man vernimmt in diesem Falle beim Abbrennen des Gemisches den Geruch von Schwefeldioxyd, während der reichlich salpeterhaltige Satz geruchlos abbrennt. Letzterer verbrennt auch mit viel größerer Geschwindigkeit als der an Salpeter ärmere.

Zum sogenannten *grauen Satz,* womit Schwarzpulver gemeint ist, vermittelt uns A. Eschenbacher einige auch physikalisch-chemische Grundlagen zur Wirkungsweise (mit einem Vergleich Salpeter/Kaliumchlorat als Sauerstofflieferanten – im Zusammenhang mit Leuchtsätzen:

XI. Die Leuchtsätze.
Die Leuchtkraft eines brennenden Körpers hängt von der Temperatur ab, bei welcher er verbrennt; je höher diese ist, desto stärker erglühen die Dämpfe oder festen Körper, welche in der Flamme mit emporgerissen werden. Man wird daher zu Leuchtsätzen immer solche Mischungen wählen, welche eine hohe Verbrennungstemperatur haben; da diese durch reichliche Sauerstoffzufuhr bewirkt wird, so ist leicht einzusehen, daß die Hauptrolle in diesen Sätzen jene Körper spielen werden, welche in der Hitze Sauerstoff abzugeben vermögen.

Der Salpeter ist zwar eine sauerstoffreiche Verbindung, doch ist in Erwägung zu ziehen, daß der Salpeter selbst erst in stärkster Weißgluth den größten Theil seiner Sauerstoffgehaltes abgiebt, somit einen großen Theil der Verbrennungswärme für die Sauerstoffproduction selbst in Anspruch nimmt. Um diesem Uebelstande etwas abzuhelfen, setzt man dem Salpeter ein sehr rasch abbrennendes Gemenge zu, welches man seiner grauen Farbe in der Feuerwerkerei als grauen Satz bezeichnet.

Der graue Satz.

Dieses für den vorangegebenen Zweck sehr wichtige Object wird erhalten, indem man 75 Theile Salpeter mit 25 Theilen Schwefel schmilzt und mit 7 Theilen Pulvermehl mengt. Wie aus der Zusammensetzung hervorgeht, ist der graue Satz eigentlich ein an Sauerstoff und Schwefel sehr reiches, aber an Kohle armes Schießpulver, das aber mit größter Helligkeit abbrennt.

Findet man nun, daß ein Leuchtsatz zu wenig Licht entwickelt, so setzt man ihm vorerst ein kleine Menge des Leuchtsatzes zu, bis der gewünschte Effect eintritt.

Es kann aber auch geschehen, daß mittelst des grauen Satzes der Zweck, welche man anstrebt, gar nicht zu erreichen ist, indem das verwendete Präparat, das die Flamme färben soll, so schwer flüchtig ist, daß die Verbrennungstemperatur des Satzes gar nicht hinreicht, dasselbe zur Verdampfung zu bringen. In diesem Falle bleibt nichts anderes übrig, als eine gewisse Menge des Salpeters durch Kalium-Chlorat zu ersetzen. Man hat vielfach vorgeschlagen, den Salpeter in derartigen Sätzen gänzlich durch Kalium-Chlorat zu ersetzen, was wir aber nicht empfehlen wollen, und zwar aus rein ökonomischen Gründen. Das Kalium-Chlorat kommt um vieles höher zu stehen, als der Salpeter; seine Wirkung hat aber in einem Feuerwerkssatz offenbar seine Grenze; sobald im Momente ein solches Sauerstoffquantum frei wird, um die überhaupt verbrennbaren Körper, welche sich in dem Satze vorfinden, und sind fast ausschließlich Schwefel und Kohle, vollständig zu verbrennen; so ist dieses auch ausreichend, um die färbenden Substanzen zur Verdampfung zu bringen; jede weitere Entwickelung von Sauerstoff ist ganz nutzlos, je sogar nachtheilig, indem ja dieses Proceß auch ein gewisses Wärmequantum beansprucht.

Wendet man ausschließlich Kalium-Chlorat an, so geht ein großer Theil dieses werthvollen Präparates absolut gänzlich verloren; der Satz verbrennt unter Inanspruchnahme einer gewissen Sauerstoffmenge, der Rest desselben geht unbenützt in die Luft über. – Es ist daher in allen Fällen zu empfehlen, mit dem Zusatze von Kaliumchlorat zu sparen und einem mit Salpeter bereiteten Satze, der selbst auf Zugabe von grauem Satz zu matte brennen würde, nur allmälig, gleichsam als Verstärker, kleine Mengen von Kalium-Chlorat zuzusetzen, bis die Lichtstärke die höchste geworden.

K. Menke (1978) gibt in seinem Bericht „Die Chemie der Feuerwerkskörper" die Zusammensetzungen für die Schwarzpulvermischungen aus dem 12., 19. und 20. Jahrhundert an:

- Im 12. Jahrhundert, im sogenannten *Griechischen Feuer,* betrug das Verhältnis Salpeter, Schwefel, Kohle 67/11/22.
- Im Schwarzpulver für Gewehre im 19. Jahrhundert variierte der Gewichtsanteil für Salpeter – je nach Land – zwischen 74 und 76, für Schwefel zwischen 10 und 12 sowie für Kohle zwischen 12 und 16 %, in den USA betrug er 76/10/14. Für Jagdpulver des 19. Jahrhunderts wurden in Deutschland 78,5/10/11,5 – im Sprengpulver dagegen nur 66; 65, 66,8 % Salpeter, 12,5; 20, 16,6 Schwefel und 21,5; 15; 16,6 Kohle (deutsches, französisches, russisches Sprengpulver) verwendet.
- Das Schwarzpulver im 20. Jahrhundert nähert sich mit 74/10,4/15,6 wieder dem Gewehrpulver im 19. Jahrhundert an.

Die aktuellsten Daten für gekörntes Schwarzpulver mit der Zusammensetzung 75 % Kaliumnitrat, 10 % Schwefel und 15 % Holzkohle lauten:

- Dichte: 1,2 bis 1,5 g/cm^2
- Explosionswärme: ca. 2700 kJ/kg
- Schwadenvolumen: 260–340 L/kg
- Detonationsgeschwindigkeit: 300–600 m/s (bei einer Deflagration = Verpuffung)
- Explosionstemperatur: ca. 2300 K

Als *sprengkräftiger* Bestandteil wird das Kaliumnitrat, als Brennstoff die Holzkohle und als Sensibilisierer der Schwefel angegeben.

Weitere Brennstoffe

Zu den wichtigsten anorganischen Brennstoffen zählen die in einer Sauerstoffatmosphäre oxidierbaren Metalle oder Legierungen (Magnesium, Aluminium – und auch Silicium, Bor, Zirconium, Zink, Mangan und Eisen) sowie als Nichtmetalle Schwefel

(s. o.) Phosphor, Antimon, Selen und auch Sulfide des Arsens und Antimons (z. T. heute nicht mehr gebräuchlich).

Metallische Brennstoffe
Zu den metallischen Brennstoffen zählen neben Aluminium auch *Titan, Ferrotitan, Zirkon* und *Eisen* (als Funkengeber).

Aluminium Das Leichtmetall und zugleich unedle (d. h. leicht oxidierbare) Metall bildet mit einigen Oxiden wie Bismut(III) oxid (s. o.) Eisen(III)oxid oder Molybdän(VI)oxid und auch dem Fluorpolymer Viton® *thermodynamisch stabile Oxidator-Reduktionsmittel-Kombinationen.*
Nach ihrer Entzündung entwickeln sich extrem hohe Energien (infolge der äußerst exothermen Reaktion), wobei im unmittelbaren Reaktionsgebiet Temperaturen bis über 2700 °C auftreten können. Anstelle des Aluminiums werden auch AlMg-Legierungen verwendet.

Titan An der Luft bildet Titan zwar eine oxidische Passivierungs-schicht, die aber bei höheren Temperaturen dem Angriff von Sauerstoff nicht standhält. Bei Temperaturen oberhalb von 880 °C reagiert Titan trotz Passivierungsschicht mit Sauerstoff, mit Chlor sogar schon ab 550 °C. Titan „brennt" sogar mit reinem Stickstoff zum Titannitrid TiN.

Ferrotitan Als Ferrotitan werden (mit unterschiedlichen Mischungs-verhältnissen) intermetallische Titan-Eisen-Verbindungen bezeichnet. Im eutektischen Punkt (mit einheitlichem Schmelzpunkt) beträgt das Mischungsverhältnis etwa 80 % Eisen und 20 % Titan. Die pyrotechnischen Eigenschaften liegen zwischen denen von Eisen (s. u.) und Titan.

Zirkonium Zirkonium zählt noch zu den relativ unedlen Metallen; bei hohen Temperaturen reagiert es mit zahlreichen Nicht-metallen. Der Schmelzpunkt beträgt 1857 °C. In Pulverform verbrennt es leicht und reagiert sowohl mit Sauerstoff als auch mit Stickstoff:

$$Zr + O_2 \rightarrow ZrO_2$$

$$4\,Zr \,+\, 2\,O_2 + N_2 \rightarrow ZrN \cdot ZrO_2$$

Eisen – auch als Pyrophor Fein verteiltes Eisen zählt zu den *Pyrophoren* (griech. *pyr* = Feuer und *phorein* = tragend). Mit diesem Begriff werden alle chemischen Stoffe bezeichnet, die in fein verteilter Form schon bei Raumtemperatur und an der Luft mit dem Sauerstoff reagieren. Die bei der Oxidation frei werdende Energie ist so hoch, dass bei diesem Vorgang die Stoff glühen bzw. sogar eine Feuererscheinung zeigen.

Metalle als Pyrophore lassen sich durch die Reduktion der Oxide mit Wasserstoff herstellen. Zu den pyrophoren Metallen zählen aus dem Eisen u. a. auch Magnesium, Titan, Nickel, Cobalt, Blei. Pyrophores Eisen kann auch durch die vorsichtige Zersetzung von Eisenoxalat gewonnen werden.

Ein häufig verwendeter Pyrophor besteht aus 30 % Eisen und 70 % Seltenen Erden (wie Cer, Lanthan oder Yttrium) – in Feuerzeugen als Zündstein verwendet. Das Erglühen der Metalle beruht auf der feinen Verteilung (geringen Korngröße), wodurch eine große Angriffsfläche für den Sauerstoff entsteht.

1711 entdeckte der deutsche Naturforscher Wilhelm Homberg (1652–1715) diese Erscheinung beim Verkohlen von Alaun (Kalium-Aluminium-Sulfat) mit Zucker. Auch die Umsetzung von Kaliumsulfat mit Mehl führt zu dieser Erscheinung, die in beiden Fällen auf die feine Verteilung der Reaktionsprodukte (hier in beiden Fällen von Kaliumsulfid K_2S) zurückzuführen ist. Diese Erklärung lieferte der Entdecker des Sauerstoffs W. Scheele erst 1777.

Auch nicht-pyrophores Eisen (als feines bis grobes Pulver, oder in Form von Eisenfeilspänen) lässt sich in einer Sauerstoffatmosphäre leicht verbrennen. In der Feuerwerkerei wird Eisen als *Funkengeber* bezeichnet.

Antimontrisulfid Das dunkelgraue bis schwarze Pulver Sb_2S_3 zersetzt sich bereits bei Temperaturen über 300 °C. In Anwesenheit von Sauerstoff erfolgt sowohl eine Umwandlung des Sulfids in das Oxid als auch die Verbrennung des Schwefels – in Anwesenheit eines sauerstoffliefernden Salzes bis zum Sulfat:

$$2\,Sb_2S_3 \,+\, 15\,O_2 \rightarrow 2\,Sb_2O_3 + 6(\text{Metallion})SO_4$$

Über 600 °C kann sich auch das Antimon(III,V)oxid Sb_2O_4 bilden.

Organische Brennstoffe In dem aus dem Buch von A. Eschenbacher „Die Feuerwerkerei" zitierten Text (s. o.) zum *Schwarzpulver* schließt sich folgende Aussage an, die zugleich als Überleitung zu diesem Abschnitt wie folgt lautet:

> Auf ganz andere Weise findet die Verbrennung aber statt, wenn dem Gemenge aus Salpeter und Schwefel noch Kohle, Mehl, Sägemehl, überhaupt eine organische Substanz beigefügt wird; die chemischen Eigenschaften dieser Substanzen nehmen auf die Art der Verbrennung einen sehr wesentlichen Einfluß …

Zu den leicht entzündlichen Naturstoffen zählen Holz- bzw. Korkmehle

Holz-/Korkmehle Je nach Baumart liegen die *Zündtemperaturen* (diejenige Temperatur, bei dem sich ein Stoff an der Luft selbst entzündet) zwischen 280 und 340 °C. Im Vergleich: Holzkohle (s. dort) 300 – Schwefel (s. dort) 250 – Roggenmehl 500 – Fichtenholz 280 – Kork 300–320 sowie auch Kunststoffe 200–300 °C.

Natürliche und künstliche Harze

- *Baumharze* verbrennen bereits bei niedrigen Temperaturen.
- *Polyesterharze* aus zwei- oder mehrwertigen Alkoholen (Glycole bzw. Glycerin) und Dicarbonsäuren verbrennen mit leuchtend gelber, rußender Flamme. Sie brennen auch außerhalb der Zündquelle weiter.

Zu den häufig verwendeten *natürlichen Harzen,* die gleichzeitig auch als Bindemittel wirken können, gehören:

Kolophonium Als Kolophonium bezeichnet man ein gelbes bis braunschwarzes Produkt, das aus Baumharzen gewonnen wird. Früher wurde es auch als *griechisches Pech* bezeichnet. Der Name leitet sich von dem antiken Handelszentrum *Kolophon* in der kleinasiatischen Landschaft Ionien her.

Es handelt sich um einen Destillationsrückstand eines natürlichen Harzes, das meist aus den Wurzelstöcken von Nadelhölzern (Kiefern, Fichten und Tannen) gewonnen wird. Auch das sogenannte *griechische Feuer* bestand aus diesem Produkt. Die Schmelzpunkte (bzw. Erweichungstemperaturen) liegen je nach Produkt zwischen 80 und 125 °C, die Zündtemperatur liegt über 300 °C. Hauptbestandteile sind oxidierbare Harzsäuren (Abietin- und Pimarsäure – tricyclische Diterpen-Carbonsäuren).

Schellack Diese harzige Substanz, auch Tafel- oder Plattlack bzw. *Gummi Lacca* genannt, wird aus den Ausscheidungen der Lackschildlaus *(Kerria lacca)* nach ihrem Saugen an bestimmten Pflanzen gewonnen. Dieser Gummilack wurde schon in den frühen indischen Sanskritschriften vor mehr als 3000 Jahren erwähnt (Verwendung für medizinische Zwecke). Der Name *Schellack* leitet sich aus den niederländischen Wörtern *schel* für Schuppe und *lak* für Lack ab. Erste Berichte über den Gummilack stammen von dem niederländischem Kaufmann, Forscher und Indienreisenden Jan Hugygen van Linschoten (1563–1611) aus dem Jahr 1596. Schellack war das erste industriell genutzte Harz (u. a. als Bindemittel in Schallplatten); er enthält veresterte aliphatische und aromatische Hydroxysäuren (Hauptbestandteile sind die 9,10,16-Trihydroxypalmitinsäure und die Shellolsäure $C_{15}H_{20}O_6$). Schellack schmilzt bei 65 bis 85 °C, verbrennt mit hell leuchtender Flamme und ist Bestandteil gelber bengalischer Lichter. Seine Zündtemperatur liegt bei über 300 °C.

Gummi accroides Das rote Naturprodukt wird auch Erdschellack genannt. Es handelt sich um ein natürliches Baumharz, das auf der Rinde der australischen Grasbäume *(Xanthorroea hastilis* oder *X. arborea* bzw. *R. quadrangulare)* auftritt. Inhaltsstoffe sind u. a. Cumarsäure und Zimtsäure sowie deren Ester, Gerbstoffe und auch ein geringer Gehalt an Pikrinsäure.

Aus dem Bereich synthetischer Harze spielen in der Pyrotechnik vor allem *Phenolharze* eine Rolle: Der erste sogenannte Phenoplast wurde 1907 von Leo Hendrik Baekeland (1863–1944) als Phenol-Formaldehyd-Kondensationsharz hergestellt und unter dem Markenzeichen Bakelit vermarktet. Phenole (neben Phenol auch 3-Kresol, 3,5-Xylenol oder Resorcin) werden mit Aldehyden umgesetzt, und auf dem Weg einer Polykondensation entstehen Polymere mit unterschiedlichen Eigenschaften. Phenolharze brennen mit heller, rußender Flamme (Abb. 2.5).

2.1.3   Farbgeber

Grundlage der Farbeffekte ist die Lichtemission angeregter Atome. Leicht anregbar sind vor allem Alkali- und auch Erdalkalielemente. Durch thermische Energie werden ihre Elektronen auf ein höheres Energieniveau angehoben und geben diese Energie wieder beim Übergang auf das ursprüngliche, niedrigere Energieniveau in Form von Lichtenergie ab. Bei sehr hohen Temperaturen nehmen die Leuchtkraft und die Intensität der Farben zu.

Ein anderer Effekt tritt auf, wenn Metalle wie Magnesium, Aluminium u. a. verbrennen, d. h. oxidiert werden. Das Leuchten entsteht infolge der Abgabe von Verbrennungsenergie.

Die verwendeten Chemikalien haben oft nicht nur den Effekt der Farberscheinung bzw. des Leuchtens, sondern wirken infolge ihre Anionen auch als Oxidationsmittel oder Stabilisatoren. In der folgenden Übersicht nach Farben werden in runden Klammern diese zusätzlichen Wirkungen auch genannt.

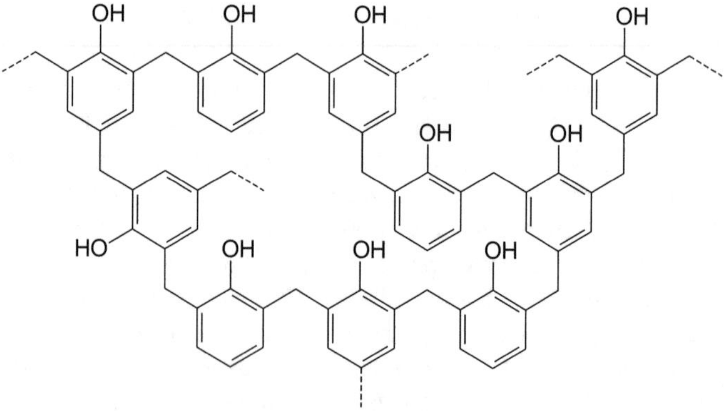

Abb. 2.5 Struktur von Phenolharzen.

Gelb bis Gelborange Natrium: Natriumhydrogencarbonat, Natriumsulfat, Natriumnitrat, Natriumoxalat (Verzögerer für Glittereffekte), Kryolith Na_3AlF_6.

Grün Barium (Bor): Bariumnitrat (mit PVC), Bariumsulfat (auch Oxidationsmittel), Bariumchlorat (auch Oxidationsmittel); auch Borsäure in Gemischen.

Rot Strontium, Lithium: Strontiumcarbonat, Strontiumnitrat (auch Oxidationsmittel), Strontiumoxalat, Strontiumsulfat; Lithiumchlorid karminrot.

Orangerot Calcium: Calciumcarbonat, Calciumsulfat.

Blau Kupfer: Basisches Kupfercarbonat $Cu(OH)_2 \cdot CuCO_3$ (schwach blau), Kupferchlorid, Kupferoxychlorid $\cdot$ 3 CuO $CuCl_2 \cdot \frac{1}{2}$ H_2O, Kupfertetramminchlorid $[Cu(NH_3)_4]Cl_2$.

Violett Kalium: Kaliumcarbonat, Kaliumchlorid, Kaliumsulfat.

Weiß/Silber Magnesium, Aluminium, Titan, Zirkonium (auch Brennstoffe = Reduktionsmittel).

Es existieren zahlreiche Vorschriften für solche Gemische, sodass hier nur die wesentlichen Substanzen genannt werden.

Der berühmte Chemiker Justus Liebig (1803–1873) studierte im Winter 1820 an der preußischen Universität Bonn (ohne Abitur!). Aus dieser Zeit sind zahlreiche Briefe an seine Eltern überliefert, in denen er auch über seine Arbeiten im Laboratorium von Prof. Kastner im Poppelsdorfer Schloss berichtete – so am 20. Dezember 1820 in einem Nachsatz (offensichtlich auf eine Frage seines Vater antwortend):

> Zu dem grünen Feuer des Obristleutnant Sturz halte ich nichts vorzüglicher, als das kristallisirtes salptersaures Kupfer in demselben ist, alles zum Verpuffen und zur grünen Farbe gegeben, da es in einem Satz, feuerwerkhaft wie Salpeter detoniert, das Nähere nächstens…

Im Brief seines Vaters aus Darmstadt vom 6. Januar 1821 ist dazu zu lesen:

> Wegen dem Grünfeuer haben wir noch keine Probe gemacht, ich gebe Dir Beifall [Anm. d. Autors: im Sinne von Bescheid].

Die Rezeptur erfahren wir also aus diesem (und auch aus den folgenden, d. h. überlieferten) Briefen nicht (G. Schwedt, Chemische Briefe aus einem Lustschloss. Justus Liebig als Student im Schloss Clemensruhe in Bonn-Poppelsdorf, Shaker Media, Aachen 2012).

Das Bariumnitrat hat Liebig offensichtlich nicht in Betracht gezogen. Mit dem Kupfersalz dürfte er ein smaragdgrünes Feuer erhalten haben, auch wenn wir die genaue Zusammensetzung des Gemisches nicht kennen.

Eine Antwort bezüglich Liebigs Empfehlung findet sich jedoch in dem im Göschen-Verlag in Leipzig 1912 erschienenen Bändchen „Die Feuerwerkerei" von Alfons Bujard (1857–1917). Bujard war damals Direktor des Städtischen Chemischen Laboratoriums in Stuttgart, das 1869 gegründet und seit 1895 in neuen Räumen in der Fortstraße 20 von ihm geleitet wurde. In der Jubiläumsschrift „125 Jahre Chemisches Untersuchungsamt Stuttgart" (1994) ist über Bujard u. a. zu lesen, dass er als Nahrungsmittelchemiker auch die Leitung der technischen Abteilung innehatte. Und daraus ergeben sich Bujards Veröffentlichungen zur Pyrotechnik. Offensichtlich hat seine technische Abteilung auch Aufgaben wahrgenommen, die heute die Bundesanstalt für Materialforschung und -prüfung, kurz BAM genannt, in Berlin zu erfüllen hat.

In dem genannten Bändchen aus der Sammlung Göschen ist unter *„Allgemeines über die Farbfeuer mit Kupfer"* in Bezug auf Liebigs Hinweis zu lesen:

> Grüne Farben geben Verbindungen des Kupfers, wenn die Sätze kristallwasserhaltige Körper [wie vom Studenten Liebig empfohlen!] enthalten und nur bei niedrigen Temperaturen. Da die Flammen aber nicht reflektieren, so sind sie nicht schön. Zu grünen Weingeistflammen, Flammen, die überhaupt keine Reflexe liefern, kann man das Kupferchlorid verwenden, die Färbekraft wird erhöht, wenn man

dem Weingeist so viel Wasser beimischt, als er eben noch, um zu brennen vertragen kann. Während man zur Erzeugung grüner Flammen auf die Kupferverbindungen nicht angewiesen ist, gibt es für die Herstellung blauer Leuchtsätze überhaupt keinen anderen Körper. Die Sätze müssen aber kristallwasserfreie Beimischungen haben, sonst brennen sie grün. auch muß die Verbrennungstemperatur der Sätze hoch genug sein. Ist letzteres nicht der Fall, so brennen solche Sätze leicht rötlich. Die Neigung, mit rotem Saum zu brennen, haben verschiedene blaue Flammen. Sämtliche Sätze mit Kupfer, gleichgültig ob sie dasselbe als Metalloxyd oder Salz enthalte, brennen rasch ab. Die Erzielung rein blauer Flammen ist zu regulieren durch den Zusatz von chlorsaurem Kali. Zusatz von Schwefelantimon sowie von Kohle wirkt nachteilig auf die Farbe der Flammen, muß aber doch ab und zu gemacht werden. Außer den genannten Kupferverbindungen eignet sich zur Darstellung grüner Flammen auch das Kupferoxyd.

Bujard vermittelt uns heute auch weitere Details zur Verwendung der Metallsalze für farbige Flammen – u. a.:

Bariumchlorat

Erhitzt man es schnell, so explodiert es heftig. Mischt man es mit leicht entzündbaren Substanzen, so explodiert es, wie das chlorsaure Kali durch Druck, Stoß und Reibung ebenfalls mit großer Heftigkeit unter Ausstrahlung eines grünen Lichtes. Es dient zur Herstellung von grünen Buntfeuern. Zu letzterem Zweck verwendet man es in fein pulverisiertem Zustande. Es gibt schönste dunkelgrüne Flammen. (...)

(...) Der chlorsaure Baryt gibt schon mit Schwefel allein (...) eine leicht brennbare und leicht entzündliche Flamme. Schellack und Mastix dienen nur als Bindemittel für Stern- und Lichtersätze ...

Strontiumchlorid/-nitrat

In Mischungen mit Schwefel brennt es mit gleichen Gewichtsteilen Schwefel fort. Mit geringeren Mengen Schwefel ist die Verbrennung weit raschen, wobei mit Abnahme des Schwefelgehaltes in solchen Sätzen schließlich die Farbe verschwindet. Im allgemeinen verwendet man aber nur den Strontiumsalpeter und setzt ihm behufs Förderung der Verbrennung chlorsaures Kali zu; diese Sätze sind haltbarer ...

Antimon/-sulfid – weiße Flamme

Fein gepulvertes Antimon, den Feuerwerkssätzen beigemischt, erteilt ihnen beim Verbrennen eine blenden weiße Flamme. Das Antimonmetall läßt sich übrigens in den meisten Fällen durch Schwefelantimon ersetzen.

Realgar (As_4S_4)

… Mit Salpeter erhitzt, verbrennt es mit glänzender, weithin sichtbarer weißer Flamme. (…) Es dient zur Herstellung von W e i ß f e u e r n, doch findet es nur eine beschränkte Anwendung.

Zur Verwendung von Metallen schrieb A. Bujard u. a.:

Eisen: In der Pyrotechnik dienen folgende Sorten für Funken- und Brillantfeuer:

Gußeisen als Bohr- oder feine drehspäne gibt heftig sprühende, große, weiße Brillantfunken, in der Feuerwerkerei auch Jasminblüten genannt.

Gepulverte Stahl- oder Eisenfeilspäne geben ebenfalls Brillantfunken, doch sind sie kleiner und die Wirkung ist weniger gut. Feinstes Stahlpulver dagegen gibt den schönsten Effekt durch einen großen Funkenreichtum, z. B. für lang andauernden Raketenfeuerstrahl.

Kupfer: Man pflegt die Kupferfeile oder das sehr fein verteilte Zementkupfer weißen Buntfeuersätzen beizumischen, die dann unter Auswerfen smaragdgrüner Funken brennen.

Zink: In der Feuerwerkerei gebraucht man es nur in Form eines mehr oder weniger feinen Pulvers, und von Feilspänen zur Erzeugung von bläulichweißen Funkensätzen.

A. Eschenbacher schrieb 1876 sogar über eine *Pyrotechnische Farbenlehre.*

Dem Feuerwerker stehen nebst weißem Licht eigentlich nur vier Farben zu Gebote und zwar roth, gelb, grün und blau. Manche Präparate, welche der Flamme eine Färbung ertheilen, thun dies nur in geringem Grade, und ist es auch nicht möglich, durch eine Steigerung

in der Menge des färbenden Körpers die Farbenstärke über einen
gewissen Grad hinauszubringen.

Die am häufigsten angewendeten Präparate für die einzelnen Farben
sind nun folgende:

Für Roth: Lithiumpräparate (schön dunkelroth, aber sehr kost-
bar), Strontium-Nitrat (karminroth), Calciumpräparate (hellroth).

Für Gelb: Alle Natrium-Verbindungen.

Für Grün: Baryum-Nitrat, Ammon-Nitrat.

Für Blau: Kupfer-Carbonat und andere Kupferverbindungen
(dunkelblau), Calomel und andere Quecksilber-Verbindungen (theuer;
hellblau).

Es sei hier noch erwähnt. Daß metallisch-schimmernde Farben,
namentlich goldgelb und goldroth durch Eisenfeilspäne oder größere
Kohlenkörner hervorgebracht werden.

Als Beispiel für Bujards Farbenlehre sei folgendes Beispiel
zitiert:

Wenn man die Stärke einer Farbe erhöhen will, damit sie mit ganz
besonderem Glanze hervortrete, so wählt man zu diesem Zweck
einen Satz, welcher mit verhältnißmäßig geringer Licht-Intensität
abbrennt, und stellt neben ihn einen anderen sehr hell brennenden,
welcher die Ergänzungsfarben des ersteren enthält. Man kann durch
Anwendung dieses Kunstgriffes, abgesehen von den überraschend
hübschen Effecten, auch an theuern Körpern sparen, wie gerade
Baryum- und Strontium-Verbindungen sind.

Ein Beispiel für das Gesagte am besten erläutern. Es sei dunkelroth gefärbtes Licht herzustellen, aber es sei der Satz nicht mit
Strontium-, sondern Kalkpräparaten bereitet worden, welche nur
eine ziemlich hellrothe Flamme liefern. Stellt man zwischen meh-
rere dieser Feuerwerkskörper einen einzigen, welcher einen sehr
scharf brennenden Satz von grüner Färbung enthält, und entzündet
alle gleichzeitig, so wird das Auge in kürzester Zeit gegen das grüne
(das ist ein gelbes und blaues) Licht so abgestumpft, daß es nur mehr
das rothe sieht. Da es immer eine gewisse, wenn auch sehr kurze Zeit
dauert, bis das grüne Licht diesen Einfluß auf das Auge vollständig
genommen hat, so wird ein aufmerksamer Beobachter wahrnehmen,
wie sich das Anfangs zarte Hellroth, welches den Calciumflammen
eigen ist, immer dunkler färbt und endlich in das herrlichste Pupur-
roth übergeht.

Und abschließend zu diesem Kapitel stellt A. Eschenbacher noch fest:

Der Pyrotechniker muß nothwendiger Weise dieser verschiedenen Farbenerscheinungen aufmerksam studieren und wird dann die schönsten Effecte erzielen; es handelt sich in der Kunstfeuerwerkerei nicht blos um Knallefecte [! G.S.] im wahren Sinne des Wortes, sondern auch darum, durch reine Farben und schön vermittelte Uebergänge der einen in die andere dem Auge eine freudige Ueberraschung zu bereiten.

2.1.4 Hilfsstoffe

Als Hilfsstoffe bezeichnete Substanzen in pyrotechnischen Artikeln haben oft zugleich eine der grundlegenden Funktionen – so die *Bindemittel,* die auch *Brennstoffe* darstellen, oder die flammenfärbenden Chemikalien, die bereits als *Farbgeber* vorgestellt wurden.

Als *Friktionsmittel* (Verzögerungsmittel) zur Verzögerung eines Effekts werden u. a. Seesand oder auch Glasmehl verwendet.

Als *Abbrandmoderatoren* werden auch einige Oxidationsmittel, z. B. Oxide von Übergangsmetallen, bezeichnet.

Katalysatoren, Inhibitoren

Das Abbrandverhalten und die Abbrandgeschwindigkeit können durch den Zusatz von Substanzen sowohl beschleunigt als auch verlangsamt werden.

Katalysatoren setzten im Allgemeinen die Zersetzungstemperatur eines Oxidationsmittels herab. Bei den Chloraten und Perchloraten haben Schwermetalloxide die größte Wirksamkeit – so die Oxide von Cobalt (Co_2O_3), Nickel (Ni_2O_3), Chrom (Cr_2O_3), Mangan (MnO_2), Eisen (Fe_2O_3), Kupfer (CuO), Titan (TiO_2) und Blei (PbO_2 und Pb_2O_3). Die aktivsten Oxide sind diejenigen von Cobalt, Chrom und Mangan, die ihre Wirksamkeit schon in Konzentrationen von 0,001 bis 0,1 % optimal entwickeln. Bei der Zersetzung von Nitraten haben sich Kupferchromit ($CuCr_2O_7$), Bleidioxid und auch Kaliumdichromat bewährt.

Inhibitoren sind entweder Inertstoffe (s. Friktionsmittel), die sich nicht am Verbrennungsprozess beteiligen und zugleich die Pulvermischung *verdünnen,* oder auch organische Stoffe. Bei organischen Stoffen erfordert deren Zersetzung Energie bzw. erfolgt unter einer geringen Wärmetönung. Dazu zählen auch die organischen Harze und synthetischen Polymere – außerdem auch Stärke, Cellulose und Zucker. Als Inertstoffe werden auch anorganische Salze – u. a. Carbonate, Sulfate und Phosphate – verwendet.

Bindemittel

Dextrine, Stärke, Mastix oder Gummi arabicum sind Bindemittel. Sie werden z. B. bei der Herstellung farbig abbrennender Sterne zur Perlierung eines pulverigen Satzes eingesetzt. Harze und Wachse verwendet man zur Stabilisierung feuchtigkeitsempfindlicher Mischungen.

Physikalisch-chemische Grundlagen der Reaktionen

3

3.1 Theoretische Grundlagen

Um mit pyrotechnischen Mischungen Blitz und Knall, Hitze, Rauch, Bewegung und Licht erzeugen zu können, sind bei der Kombination von Einzelsubstanzen folgende Eigenschaften, die bereits immer wieder bei der Vorstellung der *Einzelsubstanzen* genannt wurden, von Bedeutung: Schmelz- und Zersetzungstemperaturen der *Oxidationsmittel* sowie Verbrennungs- und Zündtemperaturen der *Brennstoffe* (in einer Atmosphäre von Sauerstoff, entstanden aus den Oxidationsmitteln).

Es gelten folgende Regeln:

- Chlorate und Perchlorate weisen im Allgemeinen niedrigere Zersetzungstemperaturen auf als Nitrate.
- Die *Zündtemperaturen* der *Brennstoffe* hängen von der Oberflächenbeschaffenheit – auch von Verunreinigungen und vom Feuchtigkeitsgehalt der Mischungen – ab und sind in der Regel von untergeordneter Bedeutung. Meistens liegen sie auch in einem größeren Temperaturbereich.
- Metalle besitzen meist eine höhere Zündtemperatur als organische Stoffe.
- Von Bedeutung für den Verlauf und die Wirkung eines Verbrennungsvorgangs ist insbesondere die Beschaffenheit der *Reaktionsprodukte*. Werden Metalle verbrannt, d. h. oxidiert, entstehen Oxide als Feststoffe, und ein großer Teil der dabei

© Springer-Verlag GmbH Deutschland, ein Teil von Springer Nature 2019
G. Schwedt, *Chemische Grundlagen der Pyrotechnik*,
https://doi.org/10.1007/978-3-662-57986-2_3

frei werdenden Energie wird in *Wärme* umgesetzt. Entstehen dagegen wie bei organischen Stoffen vorwiegend gasförmige Produkte, so liefern diese mehr *kinetische Energie* bei einer geringeren Verbrennungstemperatur.

• Das *Reaktionsgeschehen* insgesamt beim Abbrand pyrotechnischer Mischungen ist sehr komplex. Es treten Änderungen von Kristallstrukturen, Schmelz- und Verdampfungsvorgänge sowie Reaktionen zwischen allen Aggregatzuständen – fest, flüssig, gasförmig – auf.

3.2   Untersuchungen mittels Thermoanalyse

Als Methoden zur Verfolgung solcher Vorgänge stehen thermische Analysemethoden zur Verfügung – z. B. die *Thermogravimetrie* oder die *Differenz-Thermoanalyse.*

Thermische Analyse ist der Oberbegriff für Methoden, bei denen physikalische oder chemische Eigenschaften einer Substanz, eines Substanzgemisches und/oder von Reaktionsgemischen als Funktion der Temperatur oder der Zeit gemessen werden, wobei die Probe einem kontrollierten Temperaturprogramm unterworfen wird.

Bei der *Thermogravimetrie* (TG) wird die Gewichts-/Massenänderung einer Probe im Verlauf eines vorgegebenen Temperatur-Zeit-Programms gemessen. Eine Massenänderung tritt dann ein, wenn flüchtige Stoffe gebildet werden. Die Messungen werden mithilfe einer Thermowaage durchgeführt.

Bei der *Differenz-Thermoanalyse* wird die Temperaturdifferenz zwischen einer zu untersuchenden Probe und einer bekannten Vergleichsprobe untersucht. Beide Proben durchlaufen dabei ein vorgegebenes Temperatur-Zeit-Programm. Positive Signale bedeuten eine Umwandlung unter Freisetzung von Energie (Wärme); bei negativen Signale wird Energie (Wärme) verbraucht: exo- bzw. endotherme Reaktion.

Der schematische Aufbau eines thermogravimetrischen Analysengerätes (TGA) zeigt folgende Einzelheiten: Zur Durchführung einer TGA wird die Analysenprobe in einem Tiegel (Probenhalter) mithilfe eines Ofens nach einem vorgegebenen Programm und in einer bestimmten Atmosphäre, die über Gaseinlass und Gasauslass regelbar ist, erhitzt. Der Probenhalter steht mit einer Waage in Verbindung, die aus der Aufhängung, einem Waagebalken aus Quarz und einem Gegengewicht besteht. Automatische Nullpunktwaagen besitzen einen elektronischen Sensor, der Abweichungen des Waagebalkens von der Nullposition über eine Lampe mit Fenster und eine Photozelle erfasst. Die Kompensation erfolgt z. B. elektromagnetisch, eine entsprechende Änderung der Stromstärke ist proportional zur Massenänderung und wird registriert. Temperaturmessungen können direkt neben dem Probentiegel mittels eines Thermoelements erfolgen.

Abb. 3.1 zeigt sowohl die Messergebnisse der Thermogravimetrie als auch der Differenz-Thermoanalyse.

Es wurden das *Schwarzpulver* sowie die einzelnen Bestandteile (Holzkohle – in einer Atmosphäre von Argon bzw. von Luft, Schwefel und Kaliumnitrat) und binäre Gemische analysiert. Die unteren Kurven zeigen (links), bei welcher Temperatur ein Massenverlust auftritt; aus der oberen Kurve lassen sich die genannten exo- und endothermen Vorgänge entnehmen.

K. Menke hat diese Messungen wir folgt dargestellt und interpretiert:

- *Schwarzpulver:* endotherme Reaktion zwischen 95 und 200 °C, bei 250 °C eine exotherme Vorzündungsreaktion und bei 300 °C Zündung.
- *Kaliumnitrat:* endotherme Bande bei 128 °C (Übergang der rhombischen in die trikline Kristallstruktur), eine endotherme Bande beim Schmelzpunkt von 335 °C; exotherme Verschiebung der Kurve: bessere Wärmeleitfähigkeit des geschmolzenes Salzes.
- *Schwefel:* bei 98 °C Übergang von der rhombischen zur triklinen Modifikation, schmilzt bei 120 °C und verdampft bei 444 °C.
- *Holzkohle:* breite endotherme Bande – Verdampfung flüchtiger organischer Bestandteile sowie Feuchtigkeit.

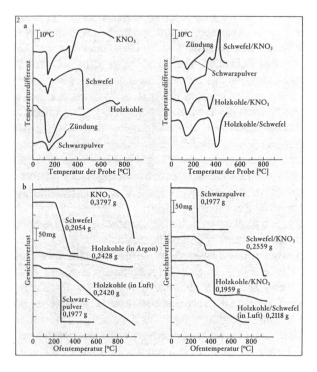

Abb. 3.1 Messergebnisse der Thermogravimetrie (TG; unten) und der Differenz-Thermoanalyse (DTA; oben). (Nach K. Menke: Die Chemie der Feuerwerkskörper, ChiuZ 1978)

Das Thermogramm (DTA) *binärer Mischungen* (rechts oben) zeigt eine Kombination der beschriebenen Effekte: Änderung der Kristallstruktur des Kaliumnitrats, Verdampfen flüchtiger Bestandteile aus der Holzkohle und das Schmelzen des Schwefels.

Die Kurve für das Gemisch Schwefel/KNO₃ zeigt bei 300 °C eine exotherme Vorreaktion zwischen dem geschmolzenen Schwefel und dem triklinen Kaliumnitrat. Sie wird vom Schmelzen des Kaliumnitrats bei 335 °C (kurz vor dem Hauptsignal) unterbrochen. Durch den Schmelzvorgang entsteht auch im Gemisch Kohle/Kaliumnitrat die zweite endotherme Bande. Beim Gemisch Holzkohle/Schwefel tritt keine exotherme Bande auf.

Aus dem Vergleich der Kurven und unterschiedlichen Zünd-temperaturen (Schwarzpulver 300 °C; S/KNO$_3$ 300 °C; C/KNO$_3$ 380 °C) lässt sich schließen, dass für die Zündung des Schwarz-pulvergemisches die Reaktion zwischen Schwefel und Kaliumnitrat bestimmend ist; die Gleichung dazu sieht folgendermaßen aus:

$$3\,C\, +\, 2\,KNO_3\, \rightarrow\, K_2CO_3\, +\, N_2\, +\, CO_2\, +\, CO.$$

Die spätere Zündung des Kohle/Kaliumnitrat-Gemisches kann man aus dem Schmelzvorgang des Kaliumnitrats und dessen anschließender Zersetzung an aktiven Zentren der Kohleober-fläche erklären – als Gleichung formuliert:

$$S\, +\, 2\,KNO_3\, \rightarrow\, K_2SO_4\, +\, 2\,NO.$$

Die Verluste an Masse durch die Freisetzung von Gasen werden auch aus den unteren Kurven der Thermogravimetrie ersichtlich.

Auch für die *Licht-* und *Farberscheinungen* lassen sich einige grundlegende Vorgänge angeben. Durch chemische Reaktionen erzeugte Energie wird hierbei zum großen Teil in wärmeinduzierte Lichtemission umgewandelt – bei festen Kör-pern abhängig von der Temperatur. Um *weißes Licht* hoher Intensität zu erzeugen, muss durch eine geeignete Kombina-tion von Oxidationsmittel und Brennstoff eine sehr hohe Ver-brennungstemperatur erzeugt werden. Nach dem Gesetz von *Stefan-Boltzmann* sowie dem *Planckschen Gesetz* ($E = \sigma \cdot T^4$ bzw. $\lambda_{max} = \text{const}/T$) erreicht die Strahlungsintensität im sicht-baren Bereich des emittierten Spektrums erst bei Tempera-turen über 3000 K ihr Maximum. Und man benötigt für die Strahlungsemission einen Festkörper – einen Brennstoff, des-sen Oxidationsprodukte einen extrem hohen Schmelzpunkt auf-weisen, wie Aluminium und Magnesium als Oxide.

Beim Abbrand von Magnesiumsätzen überdeckt jedoch die Leuchtkraft, die durch die Verbrennung von Magnesium hervor-gerufen wird, die Farben der eigentlich farbgebenden Salze. Daher verwendet man für farbige Flammen meist Chlorate oder Perchlorat (niedrigere Zersetzungstemperaturen) und organische Brennstoffe ohne metallische Zusätze.

3.2.1 Rauch und Nebel

Mischungen zur Erzeugung von *Nebel* beruhen auf der Bildung von leicht flüchtigen, stark hygroskopischen Salzen, die den Wasserdampf der Luft anziehen – so z. B. Aluminium- und Zinkchloride. Diese erhält man aus Mischungen der Metalle mit hochchlorierten organischen Substanzen.

Farbiger Rauch lässt sich in Verbindung mit leicht sublimierenden organischen Farbstoffen erzielen. Ein solcher Farbstoff wird einer pyrotechnischen Mischung bis zu Gehalten von 50 % zugesetzt. Das Gemisch Oxidationsmittel und Brennstoff muss in diesen Fällen möglichst wenig Wärmeenergie erzeugen, um den Farbstoff zwar verdampfen zu können, ihn aber nicht zu zersetzen. Dafür ist Kaliumchlorat eventuell mit dem Zusatz eines Katalysators in Verbindung mit organischen Substanzen wie Stärke, Zucker (z. B. Lactose) oder Cellulose geeignet, die keine hohe Verbrennungswärme, aber einen hohen Anteil an Gasen erzeugen. An die Farbstoffe werden folgende Anforderungen gestellt: Molekulargewicht unter 400, aromatische Farbstoffe, besonders geeignet mit Substituenten wie NH_2-, CH_3-, Cl-, Br-, OH- und OR-Gruppen.

Will man einen farbigen *Rauchblitz* erzeugen, so empfiehlt K. Menke ein Gemisch aus dem ausgewählten Farbstoff und einer Pulvermischung aus Nitrocellulose, Kaliumnitrat, Bariumnitrat, Stärke und Diphenylamin. Gemische aus dem Farbstoff mit Milchzucker, Kaliumchlorat, Natriumhydrogencarbonat, Paraffinöl und einem Katalysator (wie Fe_3O_4 und/oder MnO_2) werden als allgemein geeignet genannt. Mit der Nitrocellulosemischung werden die Farbstoffe im Wesentlichen zerstäubt und weniger verdampft.

3.2.2 Blitz- und Knall

Fast alle pyrotechnischen Mischungen können explodieren, wenn man sie vor der Zündung genügend *verdämmt,* d. h. in einen festen Behälter einschließt. Jedoch wird von einem *Knallsatz* verlangt, dass er auch lose gezündet einen Knall verursacht.

Die Knallsäure (H-C≡N-O) als Silberfulminat und das Silber-azid (AgN$_3$) als Salz der Stickstoffwasserstoffsäure gehören zu den Substanzen, die bei schon bei Berührung (Reibung oder Erschütterung) explodieren, d. h. schlagartig zerfallen können (s. auch Abschn. 5.2). Oxidationsmittel und Metallpulver nennt man *Blitzsätze*. Es entstehen nach dem Zünden feste Reaktionsprodukte, Metall-oxide, die den Wärmefluss in die Umgebung hemmen und auf diese Weise indirekt eine hohe Temperatur erzeugen. Durch eine wärmeinduzierte Lichtemission kommt es so zu einem grellen „Metallblitz" – z. B. bei einem Gemisch aus Kaliumperchlorat und Aluminiumpulver. Eine solche Mischung explodiert auch bei geringer Verdämmung mit sowohl einem lauten Knall als auch einem intensiven Blitz. Im Unterschied dazu verbrennt Schwarz-pulver zwar auch blitzartig, jedoch in Form einer Verpuffung, bei der eine Hülse nur angesengt wird.

3.2.3 Pfeifen

Pfeifsätze enthalten neben den üblichen pyrotechnischen Oxida-tionsmitteln (Kaliumchlorat, -perchlorat, -nitrat) stets Salze aromatischer Säuren oder eines Phenols – z. B. Kaliumpikrat, Kaliumbenzoat oder auch Gallussäure.

Pikrinsäure   Benzoesäure   Gallussäure

Schwarzpulver erzeugt nach dem Zünden zwar auch ein Geräusch, jedoch nur ein starkes Rauschen und keinen definier-ten Ton.

Der Abbrandmechanismus bei Anwesenheit der genannten aromatischen Substanzen lässt sich durch die Abfolge kleiner Einzelexplosionen erklären. Dabei bestimmt die Länge der Hülse auch die Frequenz des Pfeiftons. Jede Explosion erzeugt in der Hülse eine Druckwelle, wodurch die entwickelten Gase am offenen Ende ausströmen. Es entsteht kurzzeitig ein Unterdruck, sodass Außenluft in die Hülse einströmen kann – was eine Phasenumkehr der rücklaufenden Welle zur Folge hat. Sie bringt beim Auftreffen auf die Oberfläche des Feststoffgemisches die folgende Partikelschicht zur Explosion, und der Vorgang läuft von Neuem ab. Die in der Hülse auftretenden Druckschwankungen bestimmen nun die kleinen Explosionen in gleichbleibenden Abständen. Es entsteht eine Quasiresonanz zwischen der schwingenden Gassäule und dem intermittierenden Abbrand, und auf diese Weise entsteht ein definierter Pfeifton.

Beispiele aus der Praxis

4

In „Meyers großem Konversations-Lexikon" aus dem Jahre 1906 zur Vielfalt der pyrotechnischen Artikel (noch bzw. schon vor hundert Jahren) werden die verschiedensten Arten von Feuerwerkskörpern beschrieben:

> **Drehfeuer** wie die *Pastillen* mit spiralförmig auf eine drehbare Achse aufgewickelten Hülsen, der *Umläufer* mit funkengebendem Treibsatz, die Tafelraketen *(Tourbillons)*, die sich horizontal um ihre Achse drehen und dabei aufsteigen, der Drache oder das Schnurfeuer, der an einem Draht hin und her gleitet etc. Stehende Feuer sind *Sonnen* oder *Sterne*, deren Strahlenzahl mehrfach nacheinander wechseln kann. Die Sonnen- oder Radscheiben werden meist noch mit farbigen Lichtchen besetzt. Im übrigen können die Röhren, je nach der Phantasie des Verfertigers, zu den mannigfachsten Figuren zusammengestellt werden, in deren geschmackvollen Formen und Wechseln oft der Effekt des Feuerwerks und der Erfolg mancher Lustfeuerwerke beruht. Hervorzuheben sind die *Kaskaden,* der *Palmenbaum,* der *Blumenstrauß* (Fontäne von Funkenfeuer). Der *Feuerkopf* (pot à feu) ist eine in einer Büchse stehende Brillantröhre, die zum Schluß eine Menge Leuchtkugeln oder Schwärmer auswirft; beim Bienenschwarm geschieht dies einzeln nach und nach. Kanonenschläge sind runde oder eckige, mit Pulver gefüllte und einem Zünder versehene Körper aus Pappe oder Holz, mit geleimter Umwickelung von Bindfaden oder Zeug, je fester die Wandung desto stärker der Knall. Schwärmer sind kleine Papierröhren, mit Funkenfeuersatz gefüllt, die beim Anzünden in schlangenförmigen Linien hin und her fahren und mit einem Knall verlöschen. *Frösche* sind Papierhülsen, durch die Zündschnur gezogen ist. Sie werden mehrfach scharf zusammengekniffen und -gebunden. Die brennende

G. Schwedt, *Chemische Grundlagen der Pyrotechnik,*
https://doi.org/10.1007/978-3-662-57986-2_4

Zündschnur zerreißt mit einem Knall die Ecken, wobei der Frosch hin und her hüpft. *Raketen* sind über einen konischen Dorn mit Satz in der Weise vollgeschlagene Papierhülsen, daß sie eine zentrale Höhlung, Seele, erhalten. An ihrem vordern Ende befestigt man eine mit Sternfeuer, Schwärmern oder einem Kanonenschlag gefüllte Papierhülse, auf die eine konische Spitzkappe gesetzt wird. Diese Versetzung wird im Kulminationspunkt der Flugbahn entzündet und ausgestoßen und fällt brennend zur Erde. (…) Bei *Zimmerfeuerwerken* werden nur kleine Hülsen verwendet, deren Satz bei der Verbrennung keine giftigen Dämpfe ausstoßen darf. *Wasserfeuerwerke* sind im allgemeinen den erstbeschriebenen gleich; die einzelnen Feuer werden auf schwimmenden Brettern befestigt, sollen sie aber im Wasser selbst schwimmen, wie die Taucher, Schnarcher, so werden die Hülsen mit einem wasserdichten Firnis überzogen.

Häufig erhalten pyrotechnische Artikel (Feuerwerksartikel) aber auch in den genannten zahlreichen Ausführungen *Fantasienamen*. Im Folgenden werden zunächst die grundlegenden pyrotechnischen Artikel kurz beschrieben und danach einige nach dem heutigen Stand als *pyrotechnische Sätze* der *Kategorie 1* zugelassene Produkte näher vorgestellt. Es handelt sich um Feuerwerkskörper, die „eine sehr geringe Gefahr darstellen, einen vernachlässigbaren Schallpegel besitzen und die in geschlossenen Bereichen verwendet werden sollen". Sie dürfen auch ohne zeitliche Begrenzung von Personen über 12 Jahren gekauft und verwendet werden (Verordnung zum Sprengstoffgesetz, § 6).

4.1   Pyrotechnische Sätze der Kategorie 1

- Bengalhölzer – Bengalfackeln – Bengalfeuer
- Knallerbsen
- Knallziehbonbons   –   Knallziehbänder   (Knallsatz: Basis Kaliumchlorat und roter Phosphor; oder Silberfulminat)
- Knatterartikel – Partyknaller (pyrotechnischer Satz auf der Basis von Kaliumchlorat und rotem Phosphor)
- Blitztablette – Bodenfeuerwirbel
- Fontänen (Basis Nitrozellulose)
- Scherzzündhölzer

- Schlangen
- Tischfeuerwerk (max. 2,0 g Nitrocellulose)
- Wunderkerzen

Bengalische Feuer bestehen aus Pulvergemischen mit leicht brennbaren Substanzen wie Kohle- und/oder Schwefelpulver, Oxidationsmitteln wie Chloraten oder Nitraten sowie den eigentlichen Farbgebern (Abschn. 2.1.3), z. B. Natrium-, Kalium-, Strontium-, Kupfersalze usw., wobei die Funktion der Flammenfärbung auch durch das Metall im Oxidationsmittel übernommen werden kann.

Bengalische Streichhölzer bestehen aus Pulvergemischen unter Verwendung von Schellack und anderen Bindemitteln.

Knallerbsen und *Knallbonbons* enthalten geringe Mengen an Silberfulminat mit ein wenig Friktionsmittel (Verzögerungsmittel wie z. B. Sand).

Knallsätze bestehen beispielsweise aus Kaliumperchlorat zusammen mit Aluminiumpulver oder Bariumnitrat mit Aluminiumschliff; in Kleinfeuerwerkskörpern wird meist Schwarzpulver unverdichtet und in fester Umhüllung eingedämmt. In unterschiedlich starker Ladung findet man Knallsätze in „Chinakrachern", „Knallfröschen", „Kanonenschlägen" und auch in Raketen.

Pfeifsätze bestehen meist aus Chloraten oder Perchloraten als Oxidationsmittel sowie Salzen organischer Säuren – Beispiel: Kaliumperchlorat und Natriumbenzoat oder Natriumsalicylat. Beim oszillierend pulsierenden Abbrand in einer einseitig offenen Papierhülse entwickeln sich die typischen (pfeifenden) Geräusche. Solche Pfeifsätze finden in Raketen und in den sogenannten Luftheulern Verwendung.

Pharaoschlangen zählen zu den Scherzartikeln. Sie sind zylindrisch oder kegelförmig umhüllt und bilden beim Anzünden eine verglimmende eine sehr lockere, zusammenhaltende, voluminöse, schlangenartige aussehende Aschemasse. Gemische können (anstelle des früher verwendeten giftigen Quecksilber(II)thiocyanats) aus fein pulverisiertem Kaliumdichromat, Kaliumnitrat und Zucker bestehen. (Man kann solche „Schlangen" auch durch die Verbrennung von Emser Pastillen in einem Sandhügel, getränkt mit Spiritus, erhalten – ein beliebter Schülerversuch).

Raketen benötigen *Treibsätze* (aus Schwarzpulver) und enthalten sogenannte *Effektfüllungen* – aus Leuchtsätzen oder auch aus Knall- und/oder Pfeifsätzen. Treibladungspulvern können als funkengebende Stoffe auch Holzkohle oder Metallspäne zugemischt werden. Solche Raketen steigen dann mit einem feuersprühenden Schweif auf. Effektfüllungen werden in der Regel kurz nach dem Kulminationspunkt mithilfe einer Ausstoffladung gezündet. Besonders eindrucksvolle Wirkungen erzielt man durch Mehrstufeneffekte, die sich durch den Einsatz von Verzögerungssätzen *(Friktionsmittel)* erzielen lassen.

Schwärmer enthalten eine (manchmal auch pfeifende) Treibladung mit einem abschließenden schwachen Knallsatz.

Wunderkerzen (Abschn. 5.1) bestehen aus 20–30 cm langen Drähten, auf die zu etwa zwei Dritteln eine funkensprühende abbrennbare Masse aufgetragen ist. Sie kann z. B. aus Bariumnitrat, Aluminium- sowie Eisenpulver und Dextrin als Bindemittel bestehen – ggf. noch durch Kolophonium stabilisiert.

Zündblättchen (Amorces genannt) bestehen aus zwei aufeinander geklebten, meist rot gefärbten Papierblättchen oder -streifen, zwischen denen sich punktförmig angeordnete Knallsätze befinden, z. B. aus rotem Phosphor, Kaliumchlorat und Gummi arabicum als Bindemittel (s. auch weiter unten).

4.2   Pyrotechnische Sätze in der Praxis

In der Pyrotechnik erfolgt je nach Funktion eine Einteilung in *pyrotechnische Sätze.*

4.2.1   Pyrotechnische Sätze historisch

A. Eschenbacher schrieb dazu (1876) Folgendes:

X. Die Feuerwerkssätze.
    Je nach der Art des Abbrennens der Feuerwerkssätze theilt man sie in verschiedene Gruppen und unterscheidet man vor allem anderen **kräftige, rasche und matte oder faule Sätze.** Ein kräftiger

rascher Satz brennt in sehr kurzer Zeit unter Entwickelung eines sehr starken Lichtes und hoher Temperatur ab und eignet sich besonders zur Herstellung solcher farbiger Feuer, welche mit schwer flüchtigen Präparaten bereitet werden sollen. Ein Hauptbestandtheil dieser Sätze ist immer Kalium-Chlorat, welches durch die große Sauerstoffmenge, die es entwickelt, die Verbrennung außerordentlich beschleunigt.

Ein matter oder fauler Satz brennt langsamer ab, entwickelt keine hohe Temperatur und liefert viel schwächeres Licht als ein starker. Es muß daher als Regel angesehen werden, daß bei aufeinander folgenden Feuern die matten Sätze stets v o r den kräftigen abgebrannt werden; geschehe das umgekehrte, so würde die Wirkung der matten Sätze nur eine geringe sein.

Je nach dem Zwecke, zu welchem die Sätze dienen sollen, unterscheidet man Leuchtsätze, Farbensätze, Funkensätze und Treibsätze. Die Namen der einzelnen Sätze geben auch schon so ziemlich ihre Bestimmung in der Pyrotechnik an. Ein *Leuchtsatz* ist dazu bestimmt, helles Licht zu verbreiten; je nachdem dieses rein weiß oder verschiedenfarbig ist, unterscheidet man wieder Weiß-Feuersätze und Farben-Feuersätze. Die *Farbensätze* liefern verschiedenfarbige Flammen, die eventuell als kräftige oder auch als matte Sätze bereitet werden, je nach dem Feuerwerkskörper, der aus ihnen hergestellt werden soll. *Funkensätze* geben beim Abbrennen einen Regen verschiedenfarbiger Funken. *Treibsätze* sind solche, welche beim Entzünden des Objectes gewählt werden, die man in der Pyrotechnik als Raketen bezeichnet, so benannt man sie auch Raketensätze.

Und 1912 schrieb A. Bujard in seinem Büchlein „*Die Feuerwerkerei*" dazu:

III. Von den Feuerwerkssätzen.

a) Allgemeines.

Die Zusammensetzung der Feuerwerkskörper läßt sich auf wenige Grundformen zurückführen, doch sind eine ganze Menge Variationen möglich und dem Geschick und der Phantasie des Feuerwerkers ist ein weiter Spielraum gelassen.

Als Feuerwerksmaterial werden sogenannte Feuerwerkssätze verwendet, auch das Schwarzpulver bezeichnet man als ‚Satz', denn jedes in der Feuerwerkerei verwendete Gemenge brennbarer Substanzen ist ein Feuerwerkssatz oder kurzweg ein Satz. Je nach den Wirkungen und den beabsichtigten Zwecken ist die Zusammensetzung der Sätze eine wechselnde. Nur aus einer verhältnismäßig kleinen Anzahl von Stoffen werden Mischungen hergestellt. Als Bestandteile der Sätze dienen leicht verbrennbare Stoffe, wie Kohle,

Schwefel, Schwefelantimon, Harze, Teer, sowie sauerstoffabgebende Stoffe wie Salpeter (Kalisalpeter) und chlorsaures Kali. Zur Hervorbringung der Lichteffekte dienen Barium-, Strontium-, Kupfer- und andere Salze, also zur Färbung der Flammen, und feingeraspelte Metalle, gröbere Kohlenpartikelchen zur Erzeugung von Funken- und Sprühfeuern.

4.2.2 Pyrotechnische Sätze heute

Nach heutigem Stand lassen sich folgende **Sätze** unterscheiden:

- Als *Normalsätze* werden alle diejenigen bezeichnet, die thermische und somit auch mechanische Energie zur Verfügung stellen.
- Als *Treibsatz*, der gleichmäßig abbrennt und den kontinuierlichen Schub (u. a. bei Raketen) erzeugt, wird in der Regel Schwarzpulver verwendet.
- Als *Anfeuerungssatz* bezeichnet man die Zündmittel (z. B. in der Zündschnur), die beispielsweise aus Kaliumnitrat, Bor und Polymethylmethacrylat oder Kaliumchlorat und Zirkonium bestehen können.
- Ein *Verzögerungssatz* dagegen dient dazu, nach dem Zünden die Zeit zu überbrücken, bis ein *Effektsatz* in einer bestimmten Höhe einer Rakete gezündet werden soll. Er kann aus Mennige (Pb_3O_4), Silicium und Polymethylmethacrylat bestehen, also einem Gemisch, das langsam mit einer definierten Geschwindigkeit abbrennt.
- Zu den *Effektsätzen* gehören die beschriebenen *Leuchtsätze (Farbsätze)* sowie auch die bereits genannten *Blitz-* und *Knallsätze*.
- Ein *Blitzknallsatz* stellt eine Mischung aus Kaliumchlorat und Aluminium dar – alternativ Magnesiumpulver als Brennstoff im Gemisch mit Nitraten oder Chloraten als Oxidationsmittel. (Feuerwerksartikel der Kategorie 1 und auch 2 dürfen keine Blitzknallsätze enthalten.)
- Durch *Nebelsätze* bildet sich Wasserdampf in der Luft – verursacht durch hygroskopische Salze, die beim Abbrand entstehen. Enthält ein Nebelsatz Aluminium oder Zink als Brennstoff und Halogenkohlenwasserstoffe, so entstehen die Chloride der beiden Metalle, die Wasser anziehen.

Farbigen Rauch kann man durch die Zumischung organischer Farbstoffe (Beispiele: Indigo, Auramin, Chinizarin-Grün und andere sogenannte Teerfarben) erreichen, die bei einer meist niedrigen Verbrennungstemperatur sublimieren und dabei nicht zersetzt werden. Oxidationsmittel ist meist Kaliumchlorat in Verbindung mit Stärke, Zucker oder Cellulose als Brennstoffe, die relativ langsam verbrennen.

4.3 Einteilung von Feuerwerkskörpern

Man unterscheidet grundsätzlich Bodenfeuerwerkskörper und Höhenfeuerwerkskörper.

Zu den Bodenfeuerwerkskörpern zählen:

- *Fontänen* oder *Vulkane,* die Funken und Sterne sprühen,
- *Sonnen* aus Rädern, die durch den Rückstoß von Antriebskörpern (oft verbunden mit einem Funkeneffekt wie bei den Fontänen) an einem Stab zum Drehen gebracht werden,
- *Bengalische Lichter und*
- *Knallkörper* (Sammelbegriff für alle pyrotechnischen Erzeugnisse mit einem Knall als Haupteffekt – vom Knallfrosch bis zum Chinaböller).

Exkurs: Zur Geschichte der Chinaböller
Knallkörper haben ihren Ursprung in *Salutschüssen* – nicht nur in militärischen Bereichen, sondern als traditionelles *Böllerschießen* bei besonderen Festen und Ereignissen (von Schützenvereinen, Brauchtumspflegevereinen, bei Hochzeiten, Kirchweihen, zu Neujahr und zur Sonnenwende, zu königlichen Geburten, auch zu speziellen kirchlichen Festen, d. h. Prozessionen u. a. m.).

Kanonenschläge und auch Knallfrösche haben sich aus diesen Traditionen offensichtlich im 19. Jahrhundert entwickelt. In Deutschland kamen *Chinaböller* in den 1960er-Jahren in Gebrauch. Es handelte sich um chinesische Böller traditioneller Bauart, die dadurch gekennzeichnet waren, dass sie aus zylindrischen Feuerwerkskörpern aus aufgerolltem Papier mit Schwarzpulver im Innern bestanden. Das Papier war an den Enden zugekrempelt, um auf diese Weise für die notwendige Verdämmung zu sorgen. Die Zündung erfolgte über eine Zündschnur. Beim Zerplatzen des Chinaböllers entstanden viele kleine Papierschnitzel. Ab 1998 wurde diese Bauart aus Brandschutzgründen wesentlich verändert, da die Papierschnitzel oftmals ein unerwünschtes Nachglimmen aufwiesen. Danach wurden Chinaböller so konstruiert, dass sich die Schwarzpulverkapsel nun in der Mitte befindet, anstatt auf die ganze Länge des Feuerwerkskörpers verteilt zu sein. Die Enden werden mit roter Tonerde verstopft; die genannte Krempelung des hinteren Böllerendes wurde im Verlauf der 1990er-Jahre aufgegeben, und auch das vordere Ende ist heute meist nicht mehr gekrempelt.

Beispiele für Feuerwerkskörper aus der Kategorie 1

5

5.1 Wunderkerze

Die *Wunderkerze* hat viele Namen: Sprüh-, Spritzkerze, Sternchenfeuer, Sternspitzer, -werfer, -spucker, -sprüher und andere mehr. Es handelt sich um einen funkensprühenden, meist stabförmigen, in der Hand zu haltenden Feuerwerksartikel (Abb. 5.1).

1907 erhielt der Hamburger Franz Jacob Weller ein Patent zur „Herstellung eines funkensprühenden Leuchtstabs" in der „Vereinigte Wunderkerzen-Fabriken GmbH".

Wunderkerzen waren auch die ersten „Feuerwerkskörper" der heutigen Firma WECO in Eitorf. Im Oktober 1948 hatte Hermann Weber zusammen mit einem Teilhaber die Firma Pyro-Chemie mit dem Firmenlogo WECO (Weber & Co.) gegründet; zu Jahresende verließen bereits erste Ladungen das Werk.

Eine Wunderkerze besteht aus verkupfertem Stahldraht. Auf ihm ist eine etwa 4 mm dicke Brennschicht aufgetragen. Die Brennschicht enthält als Oxidationsmittel Bariumnitrat, dem Aluminium- und Eisenpulver zugesetzt sind, die das typische Funkensprühen verursachen. Als Bindemittel werden Dextrin, Mehl oder Kartoffelstärke verwendet.

Die Länge einer Wunderkerze reicht von bis zu 30 cm (sogenanntes Kleinstfeuerwerk, welches das ganze Jahre abgebrannt werden darf und auch zur leuchtenden Präsentation von Speisen

© Springer-Verlag GmbH Deutschland, ein Teil von
Springer Nature 2019
G. Schwedt, *Chemische Grundlagen der Pyrotechnik,*
https://doi.org/10.1007/978-3-662-57986-2_5

Abb. 5.1   Wunderkerze. (© pixelliebe/stock.adobe.com)

verwendet wird) bis zu 1 m bei den Riesenwunderkerzen, die eine
Brenndauer von 5 min haben und zum Kleinfeuerwerk zählen,
das nur an Personen über 18 Jahre abgegeben und am Silvester
abgebrannt werden darf.

Die chemischen Grundlagen lassen sich auf folgende
Reaktionen zurückführen:

- Nach dem Entzünden (der Bindemittel) findet eine Sauerstoffabgabe aus dem Bariumnitrat statt:

$$2\,Ba(NO_3)_2 \rightarrow 2\,BaO + 2\,N_2 + 5\,O_2$$

- Die für die Oxidation der Eisenteilchen erforderliche Energie
  entsteht zunächst aus dem leichter oxidierbaren Aluminium:

$$4\,Al + 3\,O_2 \rightarrow 2\,Al_2O_3 + Wärme$$

- Dann erfolgt:

$$4\,Fe\,+\,3\,O_2 \rightarrow 2\,Fe_2O_3$$

Die chemischen Reaktionen erzeugen Temperaturen bis über 700 °C.

Die Abbrennreaktionen verlaufen nicht vollständig stöchiometrisch, wie durch die Gleichungen angegeben. Daher sind in den Verbrennungsgasen außer dem Stickstoff auch Stickoxide und Kohlenstoffmonoxid (aus der Verbrennung der Bindemittel) nachweisbar.

5.2 Knallerbsen

Die kleinen, etwa erbsengroßen pyrotechnischen Artikel, die einen Knall erzeugen, wenn man sie auf den Boden wirft, bezeichnet man als *Knallerbsen* oder auch als *Knallteufel* (Abb. 5.2).

Abb. 5.2 Knallteufel. (© Jochen Tack/imago images)

Die Inhaltsstoffe sind *Silberfulminat*, das Silbersalz der *Knallsäure,* und ein mineralischen Granulat aus feinem Sand. Der Sand bzw. die Sandkörner werden als *Friktionsmittel* bezeichnet. Mit *Friktion* wird die Reibung zwischen zwei sich berührenden Körpern bezeichnet, wobei die für die Zersetzung des Silberfulminats erforderliche Energie freigesetzt wird.

Silberfulminat zerfällt nach der Gleichung:

$$2\ Ag\text{-}CNO \rightarrow 2\ Ag + N_2 + 2\ CO$$

Wird diese Substanz *verdämmt,* so tritt eine Detonation auf, bei der die Gase eine Geschwindigkeit von 5000 m/s erreichen können.

Reines Silberfulminat bildet weiße, glänzende Kristalle. Eine Graufärbung zeigt die Verunreinigung durch elementares Silber an.

Als Entdecker des *Knallquecksilbers* gilt der englische Chemiker Edward Charles Howard (1774–1816), der diese explosive Substanz erstmals 1799 herstellte.

1802 entdeckte der italienische Arzt und Chemiker Luigi Valentino Brugnatelli (1761–1818), der seit 1796 als Professor für Chemie an der Universität Pavia wirkte, das *Knallsilber,* das er nach einem einfacheren Verfahren als Howard herstellte, und zwar durch Umsetzung einer salpetersauren Lösung von Silber mit Ethanol.

Die berühmten Chemiker Justus Liebig (1803–1873) und Friedrich Wöhler (1800–1882) entdeckten in den 1820er-Jahren, dass es zwei verschiedene Substanzen mit der Formel AgOCN gibt: das explosive Silberfulminat und das isomere Silbercyanat. Beim Silberfulminat ist das Silberion am Kohlenstoff, beim Silbercyanat am Stickstoff gebunden:

$$Ag\text{-}N = C = O\ (Silbercyanat) - Ag\text{-}C\Xi N^{(+)} - O^{(-)}(Silberfulminat)$$

In der Liebig-Biographie aus dem Jahr 1906 schildert Adolph Kohut (1848–1917, Journalist, Kulturhistoriker und Biograph), wie der junge Liebig zum ersten Mal Knallerbsen kennen lernte:

Als Gymnasiast sah Liebig einem herumwandernden Stiefelwichs- und Knallerbsenverfertiger den Handgriff in der Verfertigung des kleinen explodierenden Feuerwerkes ab, machte die Dinge nach, und

> ein Knall, der zur Unzeit in der Schule erfolgte, war die Ursache, daß
> der angehende Chemiker diese verlassen mußte und zu einem Apo-
> theker in Heppenheim an der Bergstraße in die Lehre kam ...

Auch wenn die Geschichte wohl nicht ganz so verlaufen ist, so berichtete doch Liebig selbst in seiner Autobiographie, dass er sich auf dem Jahrmarkt von einem Händler die Herstellung von Knallerbsen aus Silbernitrat und Alkohol abgeschaut und dann im Labor seines Vaters, der eine Materialienhandlung (im Sinne einer Drogerie) betrieb, solche Knallerbsen selbst hergestellt hätte.

Eine zweite, anschaulichere Version stammt aus der Liebig-Biographie von Wilhelm Strube (1925–1999, Schriftsteller und Chemiehistoriker) von 1998:

> Noch mehr staunten seine Schulfreunde und seine Eltern, als er ihnen selbstgemachte Knallerbsen vorführte, deren Herstellungsver-
> fahren er auf dem Jahrmarkt einem Quacksalber abgeguckt hatte.
> Das konnte nur jemand, der über die Wirkung verschiedener Stoffe genaue Kenntnisse hatte und eine scharfe Beobachtungsgabe besaß.
> Man mußte nämlich zuerst Knallsilber herstellen, eine gefährliche Prozedur. Aus den roten Dämpfen [Stickstoffoxide], die aufstiegen, als der Quacksalber eine Flüssigkeit auf Silberstücke goss, schloß Liebig, daß es Salpetersäure sein mußte. Die andere Flüssigkeit, die der Quacksalber zugab, konnte, dem Geruch nach, Branntwein sein.
> Als er damit auch Rockkragen zu reinigen begann, war Justus sich seiner Sache sicher. Er schätzte die jeweils verwendeten Mengen ab und gewann Knallsilber.

Zur Anwendung:

Die Knallerbsen *(Knallteufel)* bestehen aus dem Papier, in das die beschriebene Mischung eingewickelt ist; am Ende ist es in Form eines Dochtes, an dem man die Knallerbse anfassen kann, zusammengerollt. Wirft man eine Knallerbse im Freien auf einen Steinboden, so hört man einen deutlichen Knall. Schaut man sie sich danach näher an, so stellt man fest, dass das Papier zerrissen ist. Wenn man eine Knallerbse dagegen in einem Raum (z. B. in der Küche) auf einen Steinfußboden schmeißt, so kann man außer dem *Knall* auch einen *kleinen Lichtblitz* deutlich erkennen.

5.3   Knallbonbons

Als *Knallbonbon* bezeichnet man einen pyrotechnischen Körper, der aus einer speziellen Verpackung in Form eines großen Bonbons mit einem bunten Papier abgebunden ist. Zwischen Pappe und Papier befindet sich der Zündstreifen, der beim gleichzeitigen Ziehen an den beiden Ende des Knallbonbons ausgelöst wird (Abb. 5.3).

Der Zündstreifen enthält beispielsweise die gleiche Mischung wie Zündplättchen für Spielzeugwaffen – nämlich roten Phosphor und Kaliumchlorat.

Erfinder der Knallbonbons soll 1847 der englische Konditor Tom Smith gewesen sein. Seine Manufaktur in Finbury beschäftigte 1900 rund 1000 Mitarbeiter, die jährlich 11 Mio. Knallbonbons herstellten. In Großbritannien werden sie als *Christmas Crackers* traditionell bei Weihnachtsfeiern verwendet.

Die in den *Knallschnüren* verwendete Mischung wird auch als *Armstrongsche Mischung* bezeichnet, die auch für Zündhölzer

Abb. 5.3 Knallbonbons am Tisch – Zeichnung von Christian Wilhelm Allers (1857–1915), Ausschnitt

verwendet wird – dort getrennt roter Phosphor auf der Reibfläche und Kaliumchlorat im Zündholz. Außerdem sind im Gemisch der Knallschnüre noch Anteile an Bindemittel und Calciumcarbonat enthalten. Die an sich schon geringen Mengen an rotem Phosphor können durch andere Reduktionsmittel wie Schwefel oder Antimonsulfid verringert werden, wodurch die Empfindlichkeit (und die Stärke des Knalls) verringert werden.

Die Knallschnur zählt zu den Feuerwerksscherzartikeln (Klasse 1). Die genannte Mischung ist schlag-, druck- und reibempfindlich und erzeugt beim Ziehen des Knallbonbons unverdämmt einen deutlich hörbaren Knall. Es entstehen auch Funken und ein wenig Rauch. Sie wird über etwa 1–2 cm zwischen zwei längeren Baumwollfäden aufgetragen. Der überlappende Bereich der Fäden wird mit einigen Lagen Papier umwickelt.

5.4 Bengalische Hölzer

Vom Zündholz bis zur Fackel werden solche farbensprühenden Hölzer angeboten – mit entsprechend unterschiedlichen Mengen an pyrotechnischen Sätzen. Sie bestehen aus einem Holzstab, an dem sich am oberen Ende eine Zündmischung (Anzündkopf) und darunter ein längerer Bereich mit dem pyrotechnischen Satz befindet.

Wie bereits erwähnt, stammt der Begriff *bengalisch* aus der historischen Region Bengalen (heute Bangladesch und Nordost-Indien), wo solche Feuer ursprünglich zur Beleuchtung von Gegenständen an Fürstenhöfen, später als Signalfeuer verwendet wurden. Die Lichterscheinung wurde mithilfe eines Gemisches aus Schwefel, Salpeter und dem Mineral Realgar (Arsensulfid As_4S_4) erzeugt (s. auch im Kap. zur Geschichte der Feuerwerkerei).

Beliebte Feuerfarben sind Rot, Grün und Silber – Rot durch Strontium- oder Lithiumsalze, Grün durch Barium- oder auch Kupfersalze, Weiß durch Mischungen mit einem Metall wie Aluminium, Magnesium, Titan oder Zirkonium.

5.5   Blitztablette

Blitztabletten setzen sich aus mehreren Teilen zusammen:
Die *Anfeuerung* besteht aus Mehlpulver, Kaliumnitrat und
einem Bindemittel. In Verbindung mit einer Sicherheitszündschnur wird eine Zündschnurbefestigung verwendet. Sie enthält
Kaliumnitrat, eine Aluminium-Magnesium-Legierung, Schwefel,
Polyvinylchlorid (PVC) und ein Harz. Der eigentliche *Blinksatz* besteht aus Bariumnitrat, Kaliumnitrat, der Aluminium-
Magnesium-Legierung und Schwefel. Hersteller (bzw. auch
gesetzliche Vorgaben) beziehen sich oft auf die *Netto-Explosiv-
Masse,* die als NEM angegeben wird – beispielsweise NEM:
1,9 g.

5.6   Fontänen

Eine Fontäne sprüht Funken und kleine Sterne nach oben. Die
Effekthöhe liegt zwischen 10 cm und mehreren Metern.

Ein Fontänensatz besteht beispielsweise aus Kaliumnitrat,
Bariumnitrat, Schwefel und Kohlenstoff. Die Hülse ist mit Ton
verdämmt.

Für eine konische Fontäne wird auch die Bezeichnung *Vulkan*
verwendet. Es handelt sich um einen nach oben verjüngten Vulkan, jedoch ohne den bei einer Fontäne konstanten Durchmesser
der Außenhülle.

Fontänen sind relativ einfache Feuerwerkskörper. Eine Zündschnur kann entweder direkt den Effektsatz (s. o.) zünden oder
auch mit einer Anfeuerung verbunden sein. Die nach der Zündung entstehenden Gase reißen dann Partikel mit, wobei eine
Fontäne entsteht.

Blinksätze und *Leuchtsterne* enthalten außerdem eine Al-
Mg-Legierung (s. Blitztablette, Abschn. 5.5).

Sets mit pryotechnischen Artikeln, die zur Kategorie ***Jugend-
feuerwerk*** (ab 12 Jahre) gehören, enthalten meist *Knallerbsen*
und *Wunderkerzen,* die ausführlich auch in ihrer chemischen

Zusammensetzung beschrieben wurden. Weitere Beispiele sind *Bodenwirbel, Silberfontänen, Mini-Blitze und Mini -Vulkane sowie Bengallichter,* deren Zusammensetzungen sich im Prinzip ähneln, die jedoch in unterschiedlichen Formen erscheinen (zur Zusammensetzung s. o.). Diese Gruppe darf nur im Freien benutzt werden; als Sicherheitsabstand wird nach dem Zünden 1 m empfohlen.

Hauptbestandteile dieser Artikel sind in der Regel *Schwarzpulver*mischungen. Wie bei den *Fontänen* werden darüber hinaus Metalllegierungen (Magnesium-Aluminium: *Magnalium*) sowie auch Strontium- oder Bariumnitrat und seltener Kaliumchlorat bzw. -perchlorat (z. B. *Dicke Brummer*) verwendet.

Einfache Experimente in Versuchsreihen

6

6.1 Zur Chemie der Feuerwerkskörper

6.1.1 Versuchsreihe 1

Zu den Bestandteilen von Wunderkerzen

Von einer Wunderkerze wird die am Draht anhaftende Masse mithilfe eines Messers entfernt (z. B. über einem Filterpapier). Sie wird in einem Rollrandglas (mit Deckel) mit etwa 20 ml 30-prozentiger Essigsäure *(Essigessenz)* kräftig ca. 10 s geschüttelt.

Es bilden sich einige sichtbare Gasblasen, und aus der grauschwarzen Masse entsteht eine graue Trübung der Extraktionslösung. Die suspendierten Partikel setzen sich nur sehr langsam ab; eine Trübung bleibt auch nach längerer Verweildauer erhalten.

Zu den Bestandteilen lassen sich folgende qualitative Analysen (Tests) durchführen:

1. **Nitrattest:** Dazu kann man ein kommerzielles Nitratteststäbchen verwenden oder mit einigen aus der Suspension (mithilfe einer Plastik-/Pasteuerpipette) entnommenen Millilitern die klassische Reaktion mit *Lunges Reagenz* (Sulfanilsäure und α-Naphtylamin, nach Reduktion mit Zinkstaub beispielsweise auf einer Tüpfelplatte) anwenden.

© Springer-Verlag GmbH Deutschland, ein Teil von
Springer Nature 2019
G. Schwedt, *Chemische Grundlagen der Pyrotechnik,*
https://doi.org/10.1007/978-3-662-57986-2_6

2. **Nachweis von Barium:** Dazu verwendet man den klassischen Nachweis von Sulfat – als Umkehrung. Man fügt einer ggf. filtrierten Probe der essigsauren Extraktionslösung einige Tropfen verdünnter Schwefelsäure hinzu. Eine weiße Trübung bis Fällung durch Bariumsulfat zeigt die Anwesenheit von Bariumionen in der Lösung an und ist zugleich ein Nachweis für die Verwendung des Bariumnitrats in der Wunderkerze. Lässt man die essigsaure Extraktionslösung längere Zeit an der Luft stehen, so färbt sich die trübe Lösung bräunlich-gelb – als Zeichen für die inzwischen durch die Reaktion mit dem Luftsauerstoff oxidierten zunächst vorliegenden Eisen(II)ionen.

3. **Nachweis von Eisen:** Als Reagenzien können sowohl die Gallussäure als auch das gelbe Blutlaugensalz – Kaliumhexacyanoferrat(II) – verwendet werden. Bei einer positiven Reaktion tritt in beiden Fällen eine mehr oder weniger intensive Blaufärbung auf. Die Anwesenheit von Eisenionen bzw. die Entstehung von Eisen(III)ionen in der gelbbraunen Extraktionslösung lässt sich nach dem Zusatz einer Spatelspitze Ascorbinsäure anhand der Entfärbung erkennen. Auf dem Boden des Rollrandglases verbleibt ein schwarz gefärbter Bodensatz, der offensichtlich Kohlepartikel enthält, die zur Verbrennung (und zum Sprüheffekt) als Kohlepulver verwendet werden.

4. **Nachweis von Aluminium:** Falls außer dem Eisenpulver auch Aluminiumpulver eingesetzt wurde, können die in der essigsauren Lösung befindlichen Aluminiumionen mit dem Reagenz *Alizarin S* als roter Farblack nachgewiesen werden. Dazu muss die Lösung mit wenig Kalilauge (KOH) alkalisch gemacht und zentrifugiert (oder filtriert) werden. Das den Nachweis störende Eisen muss als Hydroxid entfernt werden. Dann fügt man Reagenzlösung wieder Essigsäure (als Essigessenz) hinzu, bis die rot-violette Farbe verschwindet. Bleibt ein roter Niederschlag bestehen, der sich häufig erst nach einigem Stehen zeigt, so ist der Nachweis für Aluminium positiv. Der Nachweis kann vorzugsweise mit wenigen Tropfen auch auf einer Tüpfelplatte durchgeführt werden.

5. **Nachweis des Bindemittels:** Die Trübung der Extraktionslösung wird vor allem durch das Bindemittel verursacht. Zum Nachweis verwenden wir eine Iodlösung aus der Apotheke. Zu etwa 10 ml der Extraktionslösung, dekantiert in ein kleineres Rollrandglas, fügen wir einen Tropfen der Iodlösung hinzu und schwenken das Glas kurz um, ohne es zu schütteln. Es bildet sich ein intensiv brauner Ring, der sich beim Stehenlassen innerhalb der zu beobachtenden wenigen Minuten nicht verändert. Dass keine Diffusion der Iodmoleküle stattfindet, deutet auf die Bindung an einen Inhaltsstoff – hier als Abbauprodukte der Stärke, die eine Blaufärbung durch den Einschluss von Iodmolekülen verursachen würde, durch Dextrine (in der Funktion als Klebstoff – Dextrinleim).

6.1.2 Versuchsreihe 2

Zu den Verbrennungsgasen aus Wunderkerzen

Zum Nachweis von Verbrennungsgasen verwenden wir Nitrat- und pH-Teststäbchen. In einem aufwendigeren Versuch kann man die Verbrennungsgase auch über einen Glastrichter mit Schlauch in eine Gaswaschflasche (mithilfe einer Wasserstrahlpumpe) absaugen und die Analysen in der wässrigen Lösung durchführen:

Mit den genannten Teststäbchen lassen sich die Informationen in wenigen Minuten erhalten. Sie werden, mit destilliertem Wasser befeuchtet, an den Rand des „Sprühregens" einer brennenden Wunderkerze gehalten. Das Nitrat-Teststäbchen mit einer Nitritwarnzone zeigt in beiden Zonen eine deutliche Rotfärbung – in der Nitritzone intensiver als in der Nitratzone. Es entstehen, wie oben beschrieben, infolge eines unvollständigen Verbrennungsvorgangs nitrose Gase, deren Lösung in Wasser auch den niedrigen (sauren) pH-Wert verursachen.

Dieser Test lässt sich auch in der Umgebung von Fontänen anwenden. Außerdem können Sulfit-Teststäbchen eingesetzt werden, um auf die Entstehung von Schwefeldioxid aus dem Schwefel des Schwarzpulvers zu prüfen (s. dazu auch Versuchsreihe 3).

6.1.3   Versuchsreihe 3

Verbrennungsprodukte aus einer *Silberfontäne*
Die Sicherheitsangabe lautet (WECO):

> Nur im Freien verwenden! Auf Armlänge, im nicht bedruckten Bereich, so halten, dass die Fontäne vom Körper, anderen Menschen und brennbaren Stoffen weg zeigt. Anzündschnur am äußersten Ende anzünden. Nicht entgegen der Windrichtung halten.

Die beim Abbrennen entstehende *Silberfontäne* wird über ein Becherglas mit destilliertem Wasser gehalten, sodass ein großer Teil der Funken in das Wasser fällt. Nach dem Abbrennen prüft man das Aussehen des Wassers und füllt es in zwei Rollrandgläser (zusammen mit nicht gelösten Bestandteilen) um. Am Boden setzen sich schwarze Partikel (Kohlenstoff) ab. Die Lösung ist schwach getrübt. Sie riecht etwas nach Schwefelwasserstoff.

Nach dem Ansäuern mit verdünnter Salpetersäure oder auch 30-prozentiger Essigsäure fügt man sofort 1–2 Tropfen einer Silbernitratlösung hinzu. Es bilden sich braunschwarze Flocken. Nach dem Zutropfen einer Lösung von Kupfersulfat entsteht ebenfalls ein schwarzer Niederschlag. Bei einer vollständigen Verbrennung würde aus dem Schwefel das Schwefeldioxid entstehen. In der wässrigen Lösung dagegen sind Sulfidionen, also Schwefelwasserstoff, als braunschwarzes Silbersulfid bzw. Kupfersulfid nachweisbar.

Die Entstehung von Schwefelwasserstoff lässt sich auf zwei Wegen erklären: erstens aus den Reaktionen des Schwarzpulvers (Entstehung von Kaliumsulfid) und zweitens auch aus der Tatsache, dass starke Reduktionsmittel wie Magnesium oder Aluminium (Legierung als *Magnalium* bezeichnet) Schwefeldioxid zum Schwefelwasserstoff reduzieren können:

$$SO_2 + 2\,Al + H_2O \rightarrow H_2S + Al_2O_3$$

$$SO_2 + 3\,Mg + H_2O \rightarrow H_2S + 3\,MgO$$

Diese Reaktion findet möglicherweise in dem durch die Gase ausgestoßenen Pulver der Fontäne statt.

Vergleicht man Rückstände aus ähnlichen pyrotechnischen Artikeln, so tritt auch ohne Verwendung dieser Legierung der Geruch nach Schwefelstoff auf – jedoch nicht immer! In Pulverrückständen von diesen Fontänen konnte dann aber Sulfid nachgewiesen werden.

Eine weitere (mögliche) Reaktion könnte auch die Trübung verursacht haben – nämlich die Umsetzung von zunächst durch die Verbrennung (Oxidation) entstandenem Schwefeldioxid mit dem zuvor beschriebenen Schwefelwasserstoff:

$$2 \, H_2S + SO_2 \rightarrow 3 \, S + 2 \, H_2O$$

Andererseits könnte die Trübung auch durch die gebildeten Metalloxide verursacht werden. Deshalb verwendet man anstelle des destillierten Wassers in einem zweiten Experiment verdünnte Salzsäure. Nach Filtration der Lösung setzt man dann genügend verdünnte Natronlauge (oder festes Natriumcarbonat) hinzu, sodass ein pH-Wert im Alkalischen erreicht wird, so könnte eine nun auftretende Trübung durch die Hydroxide der beiden Metalle verursacht worden sein.

Für Nachweise in geringen Volumina setzt man für Aluminiumionen das Reagenz *Alizarin S* (Bildung eines roten Farblacks – s. Versuchsreihe 1) und für Magnesiumionen *Chinalizarin* ein (Bildung eines kornblumenblauen Farblacks; Vorschriften u. a. E. Schweda: Jander/Blasius Anorganische Chemie I. Einführung & Qualitative Analyse, 17. Aufl., 2012).

Zur *Schwarzpulverreaktion* kann ergänzend noch der *pH-Wert* bestimmt werden, der in den Rückständen im Alkalischen liegt. Dazu lassen sich pH-Teststäbchen verwenden, ebenso für pH-Bestimmungen in den Rauchgasen am Rande der *Fontänen* (hierfür werden die Testzonen zuvor mit destilliertem Wasser befeuchtet).

Kleines Lexikon zur Pyrotechnik

Anfeuerung ein Gemisch aus Mehlpulver, Kaliumnitrat und Bindemittel, das sich in der Hülsenmündung befindet, leicht Feuer fängt und dieses in das Innere des Feuerwerkskörpers überträgt

Bengalische Flammen farbige Flammenfeuersätze (Gemische mit Farbgebern)

Brillantfeuerwerk besonders eindrucksvolles Funkenfeuerwerk (mit Stahl- oder Gusseisenfeilspänen oder auch Aluminium- bzw. Titanspänen)

Fauler Satz langsam brennender Satz

Fontäne mit einem Funkenfeuersatz massiv geladene Hülse

Frosch starke, in eine lange dünne Hülse geschobene Zünd- schnur; die Hülse im Zickzack gebrochen und mit Bindfaden gebunden; die Zündschnur zerreißt die Hülse ruckweise mit Knall; dabei wird der kleine Feuerwerkskörper von einer Stelle zur anderen geworfen.

Grauer Satz Gemenge aus 75 Teilen Salpeter, 25 Teilen Schwe- fel, 7 Teilen Kohle (oder auch Mehlpulver)

Heuler Luftheuler, dünne Papp- oder Kunststoffhülse, in die bis zu einer Länge von 30 % ein spezieller Satz gepresst ist,

© Springer-Verlag GmbH Deutschland, ein Teil von Springer Nature 2019
G. Schwedt, *Chemische Grundlagen der Pyrotechnik*,
https://doi.org/10.1007/978-3-662-57986-2

der mit der darüber liegenden Luftsäule einen oszillierenden Abbrand erzeugt

Kanonenschlag eine kleine Pappschachtel, stark umschnürt und verleimt, mit Schießpulver gefüllt und mit einem Zünder versehen; die Schachtel zerreißt nach dem Zünden mit einem lauten Knall

Knallfrosch s. Frosch

Leuchtkugeln zylindrische Körper, mit einem Flammenfeuersatzteig gefüllt; Versatzstücke u. a. von *Raketen*

Pyrotechnischer Satz s. Satz, pyrotechnischer

Rakete an einem Stab befestigte Funkenfeuerhülse, hohl über den Dorn oder massiv geschlagen und konisch ausgebohrt, die vom ausströmenden Feuer (Gasen) in die Höhe geworfen wird und dort mit einem Schlage zerplatzt

Satz, pyrotechnischer allgemein ein Stoffgemisch, das zur Erzeugung einer akustischen (Schall), optischen (Licht, Nebel, Rauch), thermischen (Wärme) oder mechanischen (Druck) Wirkung verwendet wird – s. auch *Grauer Satz, Fauler Satz*

Schwärmer mit raschem Funkenfeuersatz geladene dickwandige Hülsen mit kurzer Brenndauer, die mit einem Knall zerplatzen

Sicherheitszündschnur mit Garn umsponnene *Zündschnüre*, zusätzlich mit Lack vor Feuchtigkeit geschützt, sorgen für eine gleichmäßige Abbrandgeschwindigkeit von 1 bis 10 cm/ Sekunde

Sonne Funkenfeuerhülsen, die radial in gleichem Abstand untereinander und vom Kreismittelpunkt entfernt auf einer Scheibe befestigt werden; beim Abbrennen stellen sie eine Sonne von 6 bis 12 oder mehr Strahlen dar

Zündschnüre klassisch – Dochte aus mehrfachen Baumwollfäden, in einem Brei von Schießpulver (Schwarzpulver) und Gummi arabicum geknetet, zum Trocknen aufgehängt

Literatur

Bujard A (1899) Leitfaden der Pyrotechnik. Arnold Bergsträsser, Stuttgart

Bujard A (1912) Die Feuerwerkerei. Sammlung Göschen, Berlin Leipzig

Eschenbacher A (1876) Die Feuerwerkerei. Fabrikation von Feuerwerks-körpern. Hartleben's Verlag, Wien, Pest, Leipzig

Kreißl FR, Krätz O (1999) Feuer und Flamme. Schall und Rauch. Schau-experimente und Chemiehistorisches. Wiley-VCH, Weinheim

Lotz A (1978) Das Feuerwerk. Seine Geschichte und Bibliographie. Edition Olms, Zürich

Menke K (1978) Die Chemie der Feuerwerkskörper. Chemie in unserer Zeit (ChiuZ) 12(1):12–22

Meyer FS (1898) Die Feuerwerkerei als Liebhaberkunst. Reprint Survival Press 2002, Obermarchtal

Meyer E von (2015) Die Explosivkörper und die Feuerwerkerei. Braun-schweig 1874. Neuauflage Fachbuchverlag, Dresden.

Nida CA von (1863) Katechismus der Lustfeuerwerkerei. Kurzer Lehrgang für die gründliche Ausbildung an allen Theilen der Pyrotechnik. Leipzig–digital Universitätsbibliothek Freiburg

Ruggieri C-F (1845) Handbüchlein der Lustfeuerwerkerei. Gottfried Basse, Quedlinburg, Leipzig

Ruggieri C-F (1846) Lustfeuerwerkerei insbesondere für Dilettanten und Freunde dieser Kunst. (…) 5. durch die neuesten Erfahrungen bereicherte Ausgabe, W. G. Korn, Breslau

Scharfenberg A (1865) Die Feuerwerkkunst in ihrem ganzen Umfange. Lehrbuch der Lustfeuerwerkerei für Künstler vom Fach und Dilettanten. Nach den Fortschritten dieser Kunst in der neusten Zeit im Vereine mit praktischen Künstlern bearbeitet. 3. Ausgabe. 2 Teile in 2 Bänden, Ebner, Ulm

Weber K (1884) Die Lustfeuerwerkerei oder vollständige Anweisung zur Anfertigung aller Feuerwerkskörper, als: Schwärmer, Land-, Wasser- und Tisch-Raketen, Brander, Kanonenschläge, Leuchtkugeln, und vieler

© Springer-Verlag GmbH Deutschland, ein Teil von Springer Nature 2019

G. Schwedt, *Chemische Grundlagen der Pyrotechnik*,
https://doi.org/10.1007/978-3-662-57986-2

anderer Feuerwerkskörper. Nebst praktischer Anweisung zur Erzeugung des electrischen Lichtes, des chinesischen Feuerwerks, bengalischer Flammen, und Erklärung über die verschiedenen Ingredienzien. Neunte vermehrte und verbesserte Auflage, Mode's Verlag, Berlin

Websky M (1891) Lustfeuerwerkskunst. Leichtfaßliche, bewährte Anleitung zur Anfertigung von Lustfeuerwerken insbesondere für Dilettanten und Freunde der Lustfeuerwerkerei. Hartleben's Verlag, Wien, Pest, Leipzig

Informationsquellen im Internet

WIKIPEDIA: Feuerwerkskörper
WIKIPEDIA: Pyrotechnik
www.feuerwerk.net/wiki/Kategorie
www.feuerwerk-lexikon.de
https://www.pyroweb.de/informationen/chemie/
www.pyro-partner.de/Feuerwerk/Feuerwerk-Chemie.html

Stichwortverzeichnis

A

Abbrandgeschwindigkeit, 28
Abbrandmechanismus, 58
Abbrandmoderator, 48
al-Rammah, H., 1
Aluminium, 38
Ammoniumperchlorat, 24
Amorces, 62
Analyse, thermische, 52
Anfeuerungssatz, 64
Anklitzen, Konstantin, 3
Antimon, 46
Antimon(III)oxid, 25
Antimonsulfid, 46
Antimontrisulfid, 39
Armstrongsche Mischung, 72

B

Bacon, R., 2
Bariumchlorat, 24, 45
Bariumnitrat, 21
Bariumsulfat, 24
Baumharz, 40
Bengalische Flamme, 3, 19
Bengalisches Feuer, 15
Bengalisches Holz, 73
Berthelot, M.P.E., 2
Berthold der Schwarze, 3

Bindemittel, 49
Biringuccio, V., 2, 4
Blinksatz, 74
Blitzknallsatz, 64
Blitzsatz, 57
Blitztablette, 74
Bodenfeuerwerkskörper, 65
Böllerschießen, 65
Böttger, R.C., 30
Brennstoff, 32
    metallischer, 38
Brugnatelli, L.V., 70
Bujard, A., 44
Bunsen, R., 34

C

Cellulosenitrat, 29
Chemie, pyrotechnische, 18
Chinaböller, 65
Chinese Fuse, 29
Collodiumwolle, 31

D

Differenz-Thermoanalyse, 52
Drehfeuer, 59

© Springer-Verlag GmbH Deutschland, ein Teil von
Springer Nature 2019
G. Schwedt, *Chemische Grundlagen der Pyrotechnik*,
https://doi.org/10.1007/978-3-662-57986-2

Springer

Willkommen zu den Springer Alerts

- Unser Neuerscheinungs-Service für Sie:
  aktuell *** kostenlos *** passgenau *** flexibel

Springer veröffentlicht mehr als 5.500 wissenschaftliche Bücher jährlich in gedruckter Form. Mehr als 2.200 englischsprachige Zeitschriften und mehr als 120.000 eBooks und Referenzwerke sind auf unserer Online Plattform SpringerLink verfügbar. Seit seiner Gründung 1842 arbeitet Springer weltweit mit den hervorragendsten und anerkanntesten Wissenschaftlern zusammen, eine Partnerschaft, die auf Offenheit und gegenseitigem Vertrauen beruht.

Die SpringerAlerts sind der beste Weg, um über Neuentwicklungen im eigenen Fachgebiet auf dem Laufenden zu sein. Sie sind der/die Erste, der/die über neu erschienene Bücher informiert ist oder das Inhaltsverzeichnis des neuesten Zeitschriftenheftes erhält. Unser Service ist kostenlos, schnell und vor allem flexibel. Passen Sie die SpringerAlerts genau an Ihre Interessen und Ihren Bedarf an, um nur diejenigen Information zu erhalten, die Sie wirklich benötigen.

Mehr Infos unter: springer.com/alert

Printed in the United States
By Bookmasters